Vorwort.

Die achte Auflage erscheint nach vollständiger Umarbeitung. Sie soll dem von mir erstrebten Ziel gerecht werden, das zu bringen, was die Mutter von der Ernährung, Pflege, Krankheitsverhütung wissen soll. Diejenigen Frauen, welche den Beruf der Säuglingspflegerin ergreifen, sollen auf Grundlage dieses Buches in den Stoff eingeführt werden. Besonderer Wert ist auf die Anleitung zur genauen Beobachtung des Säuglings gelegt — ihr ist ein besonderer Abschnitt gewidmet —, ebenso wie den Situationen, in denen die Pflegende auf eigene Verantwortung handeln darf und soll.

Ich gebe der Hoffnung Ausdruck, daß das Büchlein auch in diesem neuen Gewande eine günstige Aufnahme findet.

Charlottenburg im Dezember 1922.

Langstein.

Inhaltsverzeichnis.

	Seite
Einleitung	1
Körperbau, Funktionen und Entwicklung des Säuglings	2
Ernährung des gesunden Säuglings	6
Die natürliche Ernährung	6
Das Abstillen	14
Zwiemilchernährung	14
Künstliche (unnatürliche) Ernährung	15
Technik der künstlichen Ernährung	19
Beikost	23
Pflege des Säuglings	24
Das Baden des Säuglings	27
Vom Trockenlegen und Pudern	30
Kleidung	31
Das Bett	34
Das Zimmer	36
Abhärtung	38
Die Erziehung des Säuglings	39
Krankheitsverhütung	41
Beobachtung des Säuglings	55
Selbständiges Handeln von Mutter und Pflegerin	64
Heilnahrungen	67
Ausführung einiger wichtiger Handgriffe und ärztlicher Verordnungen	69
Kochvorschriften	82
Schlußbemerkung	85
Sachverzeichnis	86

Ernährung und Pflege des Säuglings

Ein Leitfaden für
Mütter und zur Einführung für Pflegerinnen
unter Zugrundelegung des Leitfadens von Pescatore

bearbeitet von

Dr. Leo Langstein

a. o. Professor d. Kinderheilkunde a. d. Universität Berlin
Direktor d. Kaiserin Auguste Victoria-Hauses, Reichsanstalt
zur Bekämpfung der Säuglings- und Kleinkindersterblichkeit

Achte, vollständig umgearbeitete Auflage
(108.—157. Tausend)

Berlin
Verlag von Julius Springer
1923

Alle Rechte, insbesondere
das der Übersetzung in fremde Sprachen,
vorbehalten.

ISBN-13: 978-3-642-90016-7　　　e-ISBN-13: 978-3-642-91873-5
DOI: 10.1007/978-3-642-91873-5

Einleitung.

Die Sterblichkeit der Säuglinge ist im Deutschen Reiche immer noch erschreckend hoch. Über 200 000 Kinder sterben jährlich, bevor sie das erste Lebensjahr erreicht haben, und sie kamen doch größtenteils lebensfähig zur Welt. Ihr Leben wäre erhalten worden, wenn man sie richtig ernährt und gepflegt hätte. Während in anderen Ländern, z. B. von 1901—1910 in Norwegen nur 7,6%, in Schweden nur 8,5% der geborenen Kinder im Säuglingsalter starben, waren es im Deutschen Reiche 18,1%, und es gibt jetzt noch Bezirke, in denen die Säuglingssterblichkeit die unglaubliche Höhe von 34% erreicht, d. h. jedes dritte Kind ist, nachdem es kaum das Licht der Welt erblickt, vielfach unsägliche Schmerzen erduldet hat, dem Tode verfallen, hingemäht auf dem Felde des Elends, der Unvernunft, der Gleichgültigkeit, der Rohheit, vielfach ein Opfer der Unwissenheit in den einfachsten Fragen der Säuglingsernährung und Säuglingspflege.

Ist es nicht für jeden einzelnen eine selbstverständliche sittliche Pflicht, nach Mitteln zu sinnen, wie diesem Massentod lebensfähiger Wesen ein Ziel gesetzt werde?

Zuerst müssen wir aber die Frage beantworten, die in unserem Zeitalter vielfach gestellt wird, ob es denn überhaupt im Interesse der Menschheit liege, alle Geborenen zu erhalten, ob man damit nicht gegen das sogenannte Gesetz der natürlichen Auslese verstoße, demzufolge die Natur selbst es übernimmt, die minderwertigen Individuen zu beseitigen, um den kräftigen und gesunden den Platz frei zu machen und so die Rasse zu vervollkommnen.

Diese Erwägung schiene beachtenswert, wenn tatsächlich die Sterblichkeit der Säuglinge nur die schwächlichen, nicht lebensfähigen beträfe. Wäre das der Fall, müßte die Sterblichkeit in jenen Gegenden, in denen die des ersten Lebensjahres groß ist, in den folgenden Jahren besonders gering sein, da ja die Schwächlinge schon vorher beseitigt waren und nur die Kräftigen übrig blieben. Aber die Nachforschung ergab gerade das Gegenteil. Sterben viele Säuglinge in einer bestimmten Gegend, so fordern auch die dem Säuglingsalter folgenden Jahre eine größere Zahl von Opfern. Das erklärt sich dadurch, daß die Schädlichkeiten, die so viele Kinder des ersten Jahrganges dahinraffen, auch die überlebenden in ihrer Gesundheit schädigen, so daß sie weniger widerstandsfähig bleiben. So hat die Sterblichkeit der Säuglinge im allgemeinen mit natürlicher Auslese nichts zu tun. Die Mehrzahl der Opfer wird lebenskräftig geboren und geht durch vermeidbare Schädigungen zugrunde. Wir haben es nicht mit einer natürlichen, sondern mit einer durch Menschenhand vollzogenen künstlichen Auslese zu tun.

Der Säuglingsschutz ist also eine unbedingte Notwendigkeit; er sucht den großen Verlust an Volkskraft und Volksvermögen, der durch die hohe Sterblichkeitsziffer bedingt ist, zu beseitigen. Voraussetzung allerdings, daß wir unser Ziel erreichen, ist die Aufklärung der Mütter über das, was dem Säugling bezüglich der Ernährung und Pflege nottut.

Körperbau, Funktionen und Entwicklung des Säuglings.

Der Säugling ist durchaus nicht die einfache Verkleinerung des Erwachsenen, weder im Äußeren noch im feineren Bau und den Leistungen der inneren Organe.

Sehen wir ihn uns einmal genauer an, den kleinen Menschen. Arme und Beine zu kurz, der Leib zu voll, die Brust walzenförmig und schmaler als der Schädel, der Kopf zu groß, der Hals kaum vorhanden.

Stört uns dies? Bildet nicht vielmehr dieses eigenartige Verhalten, die Unbeholfenheit der Bewegungen im Verein mit dem auffallenden Glanz der großen Augen, der zarten Haut und dem weichen Haar, dem erstaunten Gesichtsausdruck den Liebreiz des Kindes?

Das eben geborene Kindlein ist das hilfloseste Wesen, das es gibt. Ein Küklein kann gleich umherlaufen und sich Nahrung suchen, das Hündlein krabbelt, obschon es blind ist, hierhin und dorthin und schmiegt sich an die Mutter an; das Menschlein ist ganz auf fremde Hilfe angewiesen. Es bleibt liegen, wohin man es legt; es hat weder Federn noch Pelz, es friert. Neun Monate war es von der stets gleichen Temperatur des mütterlichen Organismus umgeben, wurde es von dessen Säftestrom ernährt. Und nun auf einmal diese Veränderung! Die

Wärme der Umgebung sinkt plötzlich von 37⁰ auf etwa 19⁰ C, der Blutstrom der Nabelschnur wird unterbunden; das hilflose Wesen muß atmen, und ins Innere der Lungen tritt die kalte Außenluft. Zur Nahrungsaufnahme hat es anfangs weder Lust noch Kraft; es muß sich erst durch einen langen erquickenden Schlaf von seinem Schrecken erholt haben.

Als Neugeborenes wird das Kind bezeichnet, solange der Nabelschnurrest noch haftet, bzw. die nach dem Abfall vorhandene Wunde normalerweise noch nicht überhäutet ist, also während der ersten 14 Tage. Die Nabelschnur besteht im wesentlichen aus 3 Adern, die die Ernährung des Kindes bis zur Geburt vermittelt haben. Durch die beiden Nabelschlagadern (Arterien) pumpt das kindliche Herz das verbrauchte Blut in den in der Gebärmutter liegenden Fruchtkuchen, von wo es gereinigt und mit den zum Leben nötigen Stoffen beschickt durch die Nabelblutader (Vene) dem Körper wieder zugeführt wird. Normalerweise trocknet der Nabelschnurrest in der ersten Woche ein, fällt ungefähr am 5. bis 6. Tage von selbst ab. Wenn er abgefallen ist, bleibt eine wunde Fläche bestehen, die sich nach weiteren 8 Tagen überhäutet hat und den bleibenden Nabel bildet.

Als Frühgeborenes wird ein Kind bezeichnet, das zwischen der 28. und der 39. Schwangerschaftswoche geboren wird (in der 40. ist es „ausgetragen"). Diese Kinder sind untergewichtig. Werden sie mit einem Anfangsgewicht unter 1500 g geboren, lassen sie sich nur schwierig aufziehen. Doch sind schon solche unter 1000, ja unter 800 g am Leben erhalten worden.

Gewicht. Das Anfangsgewicht des ausgetragenen Neugeborenen beträgt im Durchschnitt bei Knaben 3300 g, bei Mädchen 3100 g. In den ersten 4 bis 5 Tagen nimmt es gewöhnlich um zwei- bis dreihundert Gramm ab, um erst in der zweiten oder dritten Woche den Anfangswert wieder zu erreichen.

Um einen beiläufigen Anhaltspunkt für die Gewichtszahlen in jedem einzelnen Monat zu haben, können Sie sich folgendes merken:

Das Gewicht ist bis zum 5. Monat gleich der Monatszahl $\times$ 600 addiert zum Anfangsgewicht, dann bis zum ersten Jahre gleich der Monatszahl $\times$ 500 addiert zum Anfangsgewicht, z. B. Anfangsgewicht 3000. Wie groß ist das Gewicht im 4. Monat? Anfangsgewicht 3000, Monatszahl 4, also Gewicht im 4. Monat = 3000 + (4 $\times$ 600) = 5400. Wie groß ist das Gewicht am Ende des 5. Monats? Anfangsgewicht 3000, Monatszahl 5, also Gewicht am Ende des 5. Monats = 3000 + (5 × 600) = 6000. Wie groß ist das Gewicht im 12. Monat? Anfangsgewicht 3000, Monatszahl 12, also Gewicht im 12. Monat = 3000 + (12 × 500) = 9000. Merken Sie sich also, daß das Gewicht nach $^1/_2$ Jahr sich gewöhnlich verdoppelt, nach 1 Jahr verdreifacht, ferner daß es nach 6 Jahren sich gewöhnlich versechsfacht, nach 12 Jahren verzehnfacht.

Die **Körperlänge** beträgt bei der Geburt in der Regel 50 cm, nach einem Jahr ungefähr 71 cm.

Der **Kopf** trägt schon ganz reichliches, meist dunkles Haar, das jedoch oft nach einigen Wochen wieder ausfällt und anderem, oft hellerem Platz macht. Der Umfang des Kopfes beträgt bei der Geburt ungefähr 35 cm.

Die **Schädelknochen** sind zwar fest, doch gegeneinander verschiebbar. Man erkennt ganz deutlich die einzelnen Knochenplatten. Zwischen diesen befinden sich die häutigen „Nähte" und die „Fontanellen" (Lücken), vorn die große und hinten die kleine. Die große Fontanelle schließt sich normalerweise am Ende des ersten bzw. Beginn des zweiten Lebensjahres. Verspäteter Fontanellenschluß ist ein krankhaftes Zeichen und deutet meist auf englische Krankheit.

Augen. In den ersten 14 Tagen ist das Neugeborene noch lichtscheu. Es muß sich erst langsam an den Übergang von der Finsternis, in der es bisher gewesen, an des Lebens Sonnenschein gewöhnen. Die Bewegungen der Augen sind anfangs ganz ungeordnet. Die Augäpfel drehen sich nicht gleichsinnig, ein zeitweiliges Schielen ist nicht beängstigend. Erst nach der sechsten Woche beginnt das Kind zu fixieren, d. h. einem vorgehaltenen glänzenden Gegenstand mit dem Blicke zu folgen. Tränen beobachtet man erst im dritten Monat.

Gehör. Das Neugeborene scheint taub. Nach zwei bis drei Wochen schreckt es auf laute Geräusche leicht zusammen und nach zwei Monaten dreht es das Köpfchen der Richtung des Schalles zu.

Zahnentwicklung. Am Ende des ersten Halbjahres erscheinen zunächst die beiden unteren mittleren Schneidezähne, etwa 6 bis 8 Wochen später kommen die entsprechenden oberen und daran anschließend daneben die oberen äußeren Schneidezähne. Im 10. bis 12. Monat brechen auch die unteren äußeren Schneidezähne durch. Ein einjähriges Kind soll also seine 8 Vorderzähne vollzählig haben, erst am Ende des zweiten Jahres ist das Milchzahngebiß (20 Zähne) vollständig.

Die leider so ungeheuer tief eingewurzelten falschen Anschauungen, die über das Zahnen herrschen, haben schon vielen Kindern das

Leben gekostet. Daß der mit dem Durchbrechen eines Zahnes bisweilen verbundene Speichelfluß und die vielleicht vorhandenen Schmerzen oder der unruhige Schlaf in einigen Fällen geringgradige Störungen mit sich bringen könnten, wollen wir nicht bestreiten. Niemals aber ist das Zahnen Ursache irgend einer Erkrankung, weder von Fieber, noch von Krämpfen, Hautausschlägen oder Durchfall. Z a h n ‍- k r a n k h e i t e n g i b t e s n i c h t. Stets liegt bei Vorhandensein einer Erkrankung ein anderer Grund vor als das „Zahnen". Wie denkt aber das Volk? Da die Vorbereitungen der Zahnentwicklung am ersten Lebenstage schon im Gange sind und das erste Gebiß erst am Ende des zweiten Jahres vollendet ist, so können für den Sorglosen und Bequemen alle nur denkbaren Krankheiten der beiden ersten Lebensjahre auf „schweres Zahnen" zurückgeführt werden. Der vermeintliche Nutzen der Zahnhalsbänder und ähnlicher mit großer Reklame verbreiteter Handelsartikel beruht natürlich auf Aberglauben. Sie nützen durchaus nicht, können aber schaden, da sie oft unsauber gehalten sind.

Der B r u s t k o r b ist walzenförmig, auf dem Durchschnitt also rund. Er plattet sich erst im Laufe der Entwicklung allmählich von vorn nach hinten ab. Der Brustumfang beträgt beim Neu‍geborenen ungefähr 33 cm, ist also etwas kleiner als der des Kopfes. Erst gegen Ende des Jahres sind beide Zahlen annähernd gleich, etwa 45 cm. Der Rhythmus der Atmung ist in den ersten Wochen unregelmäßig und wird erst mit fortschreitendem Alter gleichmäßiger. In den ersten Monaten beträgt die Zahl der Atemzüge 30 bis 60, im zweiten Jahre 25 bis 30 in der Minute. Das Herz schlägt beim Neugeborenen 120 bis 135 mal in der Minute, am Ende des ersten Jahres hat sich die Zahl der Pulsschläge auf 100 bis 120 vermindert. Atmung und Puls werden durch Bewegungen, Schreien, Erregung stark beeinflußt.

Die B a u c h d e c k e n liegen in der Höhe des Brustkorbes. Sie sind beim gesunden, zweckmäßig ernährten Kinde weder eingesunken noch hervorgewölbt. Der Darm ist beim Säugling 6 mal so lang als der Körper (beim Erwachsenen nur $4^{1}/_{2}$ mal so lang).

Der S t u h l der ersten Tage ist schwarz-grün und zäh und wird Mekonium (Kindspech) genannt. Der Stuhl des gesunden Säug‍lings ist gelb und salbenartig und wird 2 bis 3 mal am Tage ent‍leert. Häufung und Veränderung der Beschaffenheit der Stühle können Zeichen einer Verdauungsstörung sein und erfordern ärztlichen Rat (vergleiche Seite 61).

Der Urin ist klar und farblos, wird während des Wachens außerordentlich häufig, während des Schlafes seltener entleert. Die täglich entleerte Menge beträgt $2/3$ der aufgenommenen Flüssigkeit. Ein Kind im zweiten Halbjahre, das ungefähr einen Liter trinkt, würde also beispielsweise in 24 Stunden 600 g Urin entleeren.

Die Haut des Säuglings ist rötlich und glatt; bei den meisten Kindern tritt am zweiten oder dritten Tage Gelbfärbung der Haut auf, bald nur angedeutete, bald stärkere. Diese Gelbfärbung kann ungefähr eine Woche andauern, um dann langsam zu verschwinden.

Die Nägel sind schon beim ausgetragenen Neugeborenen vollkommen ausgebildet und reichen bis an oder über die Finger- und Zehenspitzen.

Muskeln. Erst im 4. Monat ist die Muskulatur so weit entwickelt, daß das Kind den Kopf aufrecht halten und Sitzversuche machen kann. Im Anfang des zweiten Halbjahres erfolgen die ersten Kriechversuche, und im 9. Monat kann das Kind sich gewöhnlich an einem Gegenstand aufrichten. Das freie Gehen gelingt dem Kinde zumeist zu Anfang des zweiten Jahres.

Die Körperwärme, im Darm gemessen, schwankt zwischen 36,6 und 37,3° bei gesunden Säuglingen. Frühgeborene Kinder können ihre Eigenwärme nur schwer halten und neigen deshalb leicht zu Untertemperaturen.

Ernährung des gesunden Säuglings.
Die natürliche Ernährung.

Eine Mutter, die ihr Kind stillen kann und es nicht tut, verdient nicht den Namen einer Mutter. Das Stillen, durch die Natur geadelt und geheiligt, bei dem die Mutter von ihrem eigenen Saft in innigster Berührung von Körper zu Körper ihrem Kinde zu trinken gibt, weckt erst recht eigentlich das Gefühl der tiefen Mutterliebe, die der Mutter die Kraft verleiht, sich für ihr eigen Fleisch und Blut aufzuopfern, jetzt und ihr ganzes Leben, was auch kommen mag. Käme denn etwas der Mutterbrust gleich? Die Milch und das Herz einer Mutter lassen sich niemals ersetzen!

Die Zahl der Todesfälle unter den an der Brust genährten Säuglingen beträgt nur $1/5$ im Vergleich mit den künstlich genährten.

In früheren Zeiten dachte kein Mensch daran, dem Kinde etwas anderes vorzusetzen, als was einzig für dieses geschaffen war.

Je weiter man in der Kultur fortschritt, je mehr sich die chemische Industrie entwickelte, desto mehr glaubte man sich über die Natur erhaben und suchte nach Ersatzmitteln für die Frauenmilch, um sich immer wieder von neuem zu überzeugen, daß diese unersetzlich ist.

Den Laien ist es nicht ohne weiteres verständlich, warum Frauen- und Tiermilch so verschieden voneinander sind, und wenn sie lesen, daß der Nährwert ungefähr der gleiche, daß die Bestandteile zwar nicht gleich sind, die Unterschiede sich aber durch die Errungenschaften der modernen Wissenschaft zum Teil ausgleichen lassen, so können sie leicht zu der Ansicht kommen, daß es nur noch weiterer Forschungen bedürfe, um eine vollkommene Gleichheit herzustellen. Nichts dürfte irriger sein als diese Meinung; gerade der Fortschritt der wissenschaftlichen Untersuchungsmethoden hat uns in letzter Zeit immer wieder neue Verschiedenheiten auffinden lassen und gezeigt, daß die Milch jeder Tierart ihre ganz besondere „Eigenheit" hat, die nur ihr allein zukommt, und die nie von Menschenkunst wird nachgeahmt werden können.

Und betrachten Sie auch die Gewinnung: **Die Muttermilch ist stets lebensfrisch und lebenswarm, nie verunreinigt, nie zersetzt.** Wie wird dagegen die Kuhmilch oft mißhandelt! Sehen Sie sich so einen dumpfigen Bauernstall einmal an, die Kuheuter, die Hände des Melkers, die Milchgefäße. Dazu kommt dann noch der Transport während der Sommerhitze zum Kleinhändler und von da zum Käufer und die oft unsaubere und verkehrte häusliche Behandlung. Der gewaltige Unterschied leuchtet ein.

Wie mag es nur kommen, daß heutzutage nur ein Teil der Mütter stillt? Die Ursachen sind in vielen Fällen **Unwissenheit und schlechte Ratgeber.**

Als Entschuldigung für die Unterlassung des Stillens wird Milchmangel, wird die fortschreitende körperliche Entartung der menschlichen Rasse auf Kosten der zunehmenden geistigen Entwicklung angeführt. Wir wollen sehen, wie es sich in Wirklichkeit verhält. Überall dort, wo Mütter unter sachverständiger ärztlicher Leitung zum Stillen angehalten werden, hat sich die überraschende Tatsache ergeben, **daß 80—90% der Mütter mindestens einige Monate lang stillen können.** Ja, es gibt Frauen, bei denen die Milchproduktion mehr als ein Jahr anhält, andere, die monatelang 2 Liter Milch täglich und mehr haben, auf diese Weise 2 bis 3 Kinder ernähren und ihnen so das Leben retten.

Allerdings gibt es auch Frauen, die zu dem Zeitpunkt, da sie zum Arzt kommen, wirklich nicht mehr stillen können, doch das ist fast stets von ihnen selbst verschuldet. Sie haben eben gegen die Gesetze verstoßen, nach welchen die Brustdrüse arbeitet. Darüber einige Worte:

Sie wissen alle, daß jedes Körperorgan durch Übung zu erhöhter Leistungsfähigkeit gebracht werden kann. Der Schmiedegeselle, der den ganzen Tag seine Armmuskeln anstrengt, kann ganz andere Lasten heben, als derjenige, der nur am Schreibtisch sitzt. Auch für die Milchdrüse gibt es eine Übung, die sie zu erstaunlicher Leistungsfähigkeit anregen kann. Das ist das Saugen. Die Stärke der Milchabsonderung steht oft in direktem Verhältnis zum Saugreiz. **Je kräftiger dieser wirkt, je gründlicher bei jedem Stillakt die Brust entleert wird, desto größer wird die Ergiebigkeit an Milch.** Im allgemeinen läßt sich sagen, die Milchabsonderung stellt sich auf das Bedürfnis des Säuglings ein. Will also eine Mutter, die ein Kind hat, dessen Saugkraft durch Ungeschicklichkeit oder Schwäche gering ist, diesem genügend Milch zuführen und ihre Milchabsonderung steigern, so kann sie das tun, indem sie nach jedem Trinkakt ihre Brust mit der Hand oder einer ihr vom Arzt empfohlenen Milchpumpe entleert. Ein anderes Mittel wäre, daß sie außer ihrem eigenen Kinde ein anderes anlegt, das kräftig saugt. Natürlich darf es nur ein ganz gesundes Kind sein. Die Wirkung des Saugreizes kann so mächtig sein, daß bei Frauen, die geglaubt haben, zum Stillen unfähig zu sein und es daher unterlassen haben, auch wenn mehrere Wochen bereits vergangen sind, die Milchsekretion wieder einsetzt und allmählich so viel Milch produziert wird, daß das Kind tadellos gedeiht. Freilich setzt ein solches Ergebnis unermüdliche Hingabe der Mutter, des überwachenden Arztes bzw. der Pflegerin voraus. Auch ist ein solcher Erfolg nicht immer zu erzielen; deswegen müssen triftige Gründe dafür vorhanden sein, bevor eine Mutter sich entschließen darf, ihr Kind abzusetzen. Sie darf niemals ihrem eigenen Ermessen folgen, sondern der Arzt hat die Entscheidung zu treffen; denn mit dem Aufhören des Stillens kann unter Umständen der Born des Lebens für immer versiegen.

Um durch die Stillung Mutter und Kind segensreich zu beeinflussen ist eine einwandfreie Stilltechnik Voraussetzung. Das neugeborene Kind, das den ersten Tag fast ununterbrochen schläft, wird zum erstenmal angelegt, wenn Unruhe und Schreien auf seinen Hunger hinweisen. Das ist meist der Fall nach 12 bis 20 Stunden.

So lange lasse man das Kind ungestört. Bedarf doch auch die Wöchnerin der Ruhe. Erst wenn dieser Genüge geschehen, soll man ihr das Kind zum erstenmal an die Brust legen. Die Säuglinge verhalten sich in bezug auf die Befriedigung ihres Nahrungsbedürfnisses an der Brust sehr verschieden. Manche saugen schon am zweiten bzw. am dritten bis vierten Tage sehr kräftig, andere haben auch am zweiten und dritten Tage noch wenig Lust zum Trinken, sind saugfaul oder saugungeschickt; ja es bleibt bei ihnen dieser Zustand oft wochenlang bestehen. Bei diesen Kindern kommt die Mutter nur zum Ziel, wenn sie die Stillversuche wochenlang gewissenhaft fortsetzt, im regelmäßigen Anlegen nicht erlahmt, die nicht leer getrunkene Brust jedesmal nach dem Trinkakt mit Hand oder Pumpe entleert oder evtl. einen anderen gesunden saugkräftigen Säugling mit anlegt. In regelmäßigen Pausen muß das Kind angelegt werden: 5 bis 6 mal am Tage alle 3 bis 4 Stunden. Nächtlich sollen Mutter und Kind Ruhe haben. Unter normalen Verhältnissen soll nicht häufiger und auch nicht seltener angelegt werden, doch können im Zustand der Mutter bzw. des Kindes liegende Gründe Ausnahmen erfordern, die jedoch lediglich der Arzt zu bestimmen hat. Frühgeborene Säuglinge, für deren gute Entwicklung Ernährung mit Frauenmilch unerläßlich ist, sind häufig, wenn auch keineswegs immer, saugschwach oder ungeschickt, und ihre Stillung kann die größten Schwierigkeiten machen. Die abgespritzte Frauenmilch muß solchen Kindern mit Löffel, Pippette, einer Puppenflasche mit kleinstem Sauger, ja selbst mit der Sonde beigebracht werden. Sind die Kinder sehr schlafsüchtig und wachen nicht einmal zur Nahrungsaufnahme auf, müssen sie kurz vor der Mahlzeit mit Wasser angesprengt werden, so daß sie zu schreien beginnen und lebhaft werden. Endlich erreicht man nach viel Mühe und Geduld doch, daß die Kinder an der Brust trinken lernen.

Nahrungspausen von 3—4 Stunden sind bei gesunden Kindern im allgemeinen notwendig, weil der Magen diese Zeit braucht, um die zugeführte Nahrung zu verarbeiten und in den Darm zu ergießen. Würde man öfter Nahrung geben, dann könnte der Magen in seiner Arbeitskraft allmählich erlahmen, und es käme zu schädlicher Stauung der Nahrung.

Ob zu jeder Mahlzeit beide Brüste oder nur eine Brust gereicht werden sollen, entscheidet die Wägung der aus einer Brust getrunkenen Menge; das gibt sicheren Aufschluß. Wenn in der leergetrunkenen Brust zu wenig Milch vorhanden war, kann bzw. muß auch die andere Brust gereicht werden, die beim nächsten Anlegen zuerst an die Reihe kommt.

Vor jedem Anlegen muß sich die Mutter die Hände gründlich reinigen, weil sonst leicht durch Infektionen Brust und Kind erkranken können. Das gilt ganz besonders für Wöchnerinnen, deren Wochenfluß Keime enthält, die für Kind und Brust gefährlich sind. Sind die Hände gereinigt, wird die Brust mit reinem Wasser abgewaschen. Nach dem Stillen wird die Brust wieder gereinigt und mit einem reinen Leinwandläppchen bedeckt, das täglich zu erneuern bzw. auszukochen ist.

Zur Durchführung der Stillung setzt sich die Stillende am besten auf einen niedrigen Schemel, unterstützt mit der einen Hand Kopf und Rücken des auf ihrem Schoße liegenden Kindes, mit der anderen leitet sie ihre Brust in das Mündchen des Kindes, indem sie sie mit gespreiztem Zeige- und Mittelfinger von dem kleinen Näschen abhält. Ist dieses durch Borken verstopft, so muß es vorher gereinigt werden, damit während des Trinkens die Nasenatmung nicht gehindert ist. Kann der Säugling eine zu kleine und zu tiefliegende Warze schlecht fassen, so versuche man ihm in geschickter Weise einen zusammenzudrückenden Teil des Warzenhofes mit in den Mund zu schieben. Ist das Kind nicht gar zu unbeholfen oder schwach, so wird es sich ganz gut festsaugen können. Allenfalls ist ein Warzenhütchen zu versuchen, das auch bei Schrunden der Warze und damit verbundenen Schmerzen gute Dienste leistet.

Die Trinkzeit des Kindes soll womöglich 20—30 Minuten betragen. Ausnahmefälle gestatten 40 Minuten, doch entscheidet darüber der Arzt.

Das gesättigte Kind läßt die Brust los und schläft ein. Es wäre dann ganz verkehrt, es noch weiter zu nötigen. Die Menge, der bei jeder einzelnen Mahlzeit getrunkenen Frauenmilch schwankt oft recht beträchtlich. Man darf daher nicht in der Weise die Tagestrinkmenge ermitteln, daß man die einmal mit Hilfe der Wägung ermittelte Menge der Frauenmilch mit der Anzahl der Mahlzeiten multipliziert. Man muß vielmehr zwei Tage lang das Kind vor und nach jeder Mahlzeit wägen und die ermittelten Trinkmengen addieren. Aus zahlreichen genauen Beobachtungen, bzw. Ermittlungen der von einem Brustkind getrunkenen Milchmengen lassen sich gewisse Anhaltspunkte für die Norm geben. Nach Ermittlungen zahlreicher Kinderärzte betragen die Durchschnittswerte der Einzelmahlzeiten:

1. Woche	2. Woche	3.—4. Woche	5.—8. Woche	9.—12. Woche
5—50 g	80—90 g	90—120 g	120—130 g	140 g

13.—16. Woche	17.—20. Woche	21.—24. Woche
150 g	160 g	170 g

In den ersten 14 Lebenstagen sind die Trinkmengen oft sehr klein. Sie erreichen in den ersten 4 Tagen nicht einmal 100—200 g, ohne daß man aus dieser Tatsache auf Stillunfähigkeit schließen dürfte.

In der zweiten Woche beträgt die Menge bei stillfähigen Frauen ungefähr 500 g, steigt in der 8. Woche auf $3/4$ Liter, im 4. bis 6. Monat auf 900—1000 g.

Merken Sie sich zur Beurteilung des Stillvermögens, daß ein Kind im 2.—3. Lebensmonat $1/5$—$1/6$ seines Körpergewichtes, im 3.—6. Monat $1/6$—$1/7$, später $1/8$ seines Körpergewichtes trinkt. Diese Zahlen können Sie leiten, wenn es sich darum handelt zu entscheiden, ob eine Frau voll stillfähig ist oder nicht, ob zugefüttert werden muß. Jedoch warnen wir Sie davor, lediglich das Ergebnis der Wägung zur Richtschnur Ihrer Beurteilung zu machen; entscheidend sind der Zustand des Kindes, die Art seiner Gewichtszunahme und nicht nur das Ergebnis der Wägung. Denn die Frauenmilchen zeigen Unterschiede in ihren Nährwerten, vor allem infolge der Schwankungen des Fettgehaltes. Hoher Fettgehalt der Frauenmilch kann eine anscheinend zu geringe Milchmenge ausgleichen. So ist das Ergebnis der Wägung der Trinkmengen für die Beurteilung der Stillfähigkeit und einer vorhandenen Störung eines Brustkindes immer nur verwertbar, wenn alle Eigenschaften des Kindes genau beobachtet und berücksichtigt werden, weil diese auf den Besitz voller Gesundheit oder auf eine Störung hinweisen.

Es schadet dem Brustkinde nichts, wenn vorübergehend der Nahrungsbedarf durch die produzierte Milchmenge nicht gedeckt ist; aber unter allen Umständen darf das Kind nicht verdursten, und es muß ihm, solange es nicht die genügenden Milchmengen bekommt, Flüssigkeit in Form von Wasser oder schwach gesüßtem Tee zugeführt werden. Das gilt ebenso für die ersten Tage des Lebens, bevor die Milchabsonderung voll in Gang kommt, wenn das Kind nur kleinste Mengen aus der Brust erhält, als auch für jene Perioden, in denen z. B. infolge einer Erkrankung oder gewisser Schwierigkeiten vorübergehend der Nahrungsbedarf nicht voll gedeckt wird. Man gebe dem Kinde die Flüssigkeit aus dem Löffel, und zwar in einer

Menge, die die einzelnen Mahlzeiten in bezug auf das dem Kinde zukommende Maß vervollständigt.

Eine Mutter, die stillt, muß ausreichend ernährt werden; aber Überernährung ist schädlich, ebenso wie Unterernährung. Die Stillende soll sich nähren wie sonst, wie sie es gewöhnt ist, etwas kräftiger, wenn sie den ärmeren Ständen angehört. Dürftige Kost muß dann ergänzt werden durch die Zugabe von 1 Liter Milch, ebenso auch von Käse, Fleisch, Fett. Was gern genossen wird und gut bekommt, kann gegessen werden, Sauerkraut und Schweinefleisch nicht ausgenommen, wenn es vertragen wird. Selbstverständlich sind reizende oder alkoholische Getränke möglichst zu vermeiden. Ist aber die Stillende ihr Glas Bier oder ihr Täßchen Kaffee gewöhnt, braucht sie es sich während der Stillung nicht entgehen zu lassen. Das Wohlbefinden des mütterlichen Organismus ist die beste Gewähr für die Güte der von ihm produzierten Säfte, also auch die der Milch. Wie viele Mütter sind durch einen strengen Speisezettel mißmutig geworden und haben die ganze Lust am Stillen verloren.

Es gibt Krankheiten und abnorme Zustände der Mutter, welche das Stillen verbieten, aber nur der Arzt darf diese Entscheidung treffen. Jedenfalls wäre es der sträflichste Leichtsinn, ein Kind abzusetzen oder dazu zu raten, abzustillen, weil die Mutter sich nicht wohl fühlt oder das Kind schlecht gedeiht, oder die Brustdrüse nicht genügend Milch spendet. In allen diesen Fällen muß der Arzt gerufen werden. Viele Mütter setzen ihre Kinder ab, weil sie nicht genügend Milch zu haben glauben und bedenken nicht, daß die Milch oft erst nach Wochen in voller Menge einschießt, namentlich bei Erstgebärenden, und daß die Zufütterung von künstlicher Nahrung zu der in nicht genügender Menge produzierten natürlichen Nahrung bedeutend besser für das Kind ist als die künstliche Nahrung allein. Insbesondere muß man sich gegen den Aberglauben wenden, daß nervöse Beschwerden, Blässe, leichte Schwächezustände einen Grund zum Abstillen abgeben.

Auch die Erkrankung der weiblichen Brust, das Wundwerden der Warze, die Entzündung der Brustdrüse, müssen nicht unbedingt einen Grund zur Abstillung abgeben; auch hier ist das letzte Wort dem Arzt zu überlassen, ebenso wie bei Erkrankungen des Kindes, die es für kürzere oder längere Zeit scheinbar saugunfähig machen.

Hat die Mutter gelernt, die Milch aus der Brust abzuspritzen, dann kann die Milchproduktion auch während der Tage erhalten werden, in denen das Kind nicht oder schlechter saugt, und das ist ein unschätzbarer Vorteil.

Erklärt der Arzt die Stillung des Kindes durch die eigene Mutter für unmöglich, so ergibt sich die Frage, ob eine Amme genommen werden soll oder nicht. Hier liegt wieder eine Entscheidung vor, die der Arzt zu treffen hat. Doch bedenke die Mutter, daß sie ihr Gewissen schwer belastet, wenn sie auf eigene Verantwortung eine Amme auch dann nimmt, wenn sie nicht vollständig stillunfähig ist. Denn so wird durch schnöden Mammon ein armes Weib dazu verleitet, dem eigenen Kinde die Mutterbrust zu entziehen, auf die es doch ein heiliges Recht hat. Bedenken Sie, das gute Gedeihen des reichen Schmarotzers wird oft mit dem Tode des anderen Kindes bezahlt. Nur der Arzt darf die Entscheidung treffen, ob eine Amme genommen werden soll, und er wird auch zu Maßnahmen greifen, um dem Kinde der Amme den größtmöglichen Schutz angedeihen zu lassen. Diesem Schutz wird am besten entsprochen, wenn die Mutter das Kind der Amme mit bei sich aufnimmt und diese so beide Kinder zu stillen in der Lage ist. Die Amme muß gesund sein, frei von ansteckenden Krankheiten, sauber, durch Beobachtung muß festgestellt sein, daß sie genügend Milch produziert. Aber auch das Kind der Mutter, zu der die Amme genommen wird, muß gesund sein, damit es seinerseits der Amme nicht irgendeine Erkrankung beibringt. Hier liegen lediglich Aufgaben für den Arzt vor, denn die Entscheidung ist von außerordentlicher Tragweite.

Die Amme soll nicht etwa im Hause faulenzen. Sie kann ruhig alle mit der Pflege zusammenhängenden Hausarbeiten verrichten. Ihre Kleidung sei überall locker. Täglich mache sie Bewegungen in frischer Luft. Die Unzuträglichkeiten, die durch das Verhalten der Amme oft im Hause entstehen, sind bei verständiger Leitung leicht zu vermeiden. Sie kommen namentlich dann vor, wenn die Amme gezwungen war, sich von ihrem eigenen Kinde zu trennen, denn es ist verständlich, daß sie dann in einem erregten Zustand ist. Nimmt die Mutter das Kind der Amme mit in das Haus auf und zeigt sie, daß sie für dasselbe die gleiche Sorge empfindet wie für das eigene Kind, dann kann die Amme zur verträglichsten und besten Hausgenossin werden. Aber natürlich sind nicht alle Ammen einwandfreie Wesen, nicht alle sind bescheiden, sondern viele nützen die Tatsache aus, daß sie unentbehrlich sind. Nicht nur aus diesem Grunde, sondern auch deswegen, weil die Amme in jeder Beziehung überwacht werden muß (man muß achtgeben, daß sie das Kind richtig besorgt, nicht mit ins Bett nimmt, ihm andere Nahrung zusteckt aus Unverstand, oder um eigenen Milchmangel zu verdecken), stille die Mutter selbst, wenn sie es irgend kann. Unter allen Umständen macht eine Amme mehr Last, als der Mutter erwachsen würde, wenn sie selbst stillt.

Das Abstillen.

Wann soll abgestillt werden? Im 9. Monat etwa kann ohne Bedenken abgestillt werden. Die Mutter darf jedoch ruhig auch länger die Brust reichen, bis ins 2. Lebensjahr hinein, vorausgesetzt, daß vom 6. bis 7. Monat ab Beikost (siehe S. 23) gereicht wird. Der Eintritt einer neuen Schwangerschaft soll zum Abstillen führen. Man tut jedoch gut daran, die Entwöhnung nicht in die heiße Jahreszeit zu legen, in der die künstliche Ernährung besondere Gefahren in sich birgt, sondern sie bis auf die kühle Jahreszeit zu verschieben.

Wie soll abgestillt werden? Das Abstillen soll nicht plötzlich etwa von einem Tag auf den anderen geschehen. Das Kind soll sich ganz langsam an die unnatürliche, künstliche Nahrung gewöhnen. Die Vorsicht ist geboten, weil unter Umständen schon die erste Mahlzeit Kuhmilch schwere Krankheitserscheinungen hervorruft und es notwendig erscheinen kann, nochmals zur ausschließlichen Ernährung an der Brust zurückzukehren, deren plötzliches Versiegen also um jeden Preis verhütet werden muß.

Die Art der Mischung, auf die das Kind abgestillt wird, richtet sich nach dem Alter des Kindes (siehe künstliche Ernährung!). Man wird z. B. im 2. Monat auf Halbmilch, im 4. Monat auf $^2/_3$ Milch abstillen. Auch soll die Menge der künstlichen Nährmischung in der Flasche zuerst weniger betragen als wie dem Kinde seinem Alter entsprechend zukäme. Die ersten Tage wird täglich nur eine Mahlzeit durch die Flasche ersetzt. Je nachdem das Kind die künstliche Nahrung verträgt, gehe man schrittweise weiter. In der 3. Woche ist gewöhnlich die Abstillung vollendet. Nähert sich die Zeit der Abstillung ihrem Ende, so soll Mutter oder Amme weniger Flüssigkeit, außerdem morgens ein leichtes Abführmittel nehmen und die Brüste hochbinden.

Zwiemilchernährung.

Unter Zwiemilchernährung wird eine Art der Ernährung verstanden, bei der das Kind sowohl natürliche als auch künstliche Nahrung erhält. So bringt, wie aus dem vorhergehenden Abschnitt ersichtlich, die Zeit der Abstillung die Zeit der Zwiemilchernährung. Aber Zwiemilchernährung ist auch notwendig, wenn die Mutter die

Stillung ihres Kindes nicht vollständig übernehmen kann, sei es, daß sie zu wenig Milch produziert oder durch außerhäusliche Erwerbstätigkeit verhindert ist, dem Kinde alle 3—4 Stunden die Brust zu reichen. Die Mutter muß es als Pflicht ansehen, dem Kinde so viel Frauenmilch zuzuführen, als sie eben hat, und nur das fehlende durch künstliche Nahrung zu ersetzen; sie darf aber nicht etwa absetzen, weil sie nicht den gesamten Nahrungsbedarf durch Frauenmilch decken kann.

Die Zwiemilchernährung wird entweder in der Weise durchgeführt, daß die Mutter zunächst zu jeder Mahlzeit die Brust reicht und die fehlende Menge durch die Flasche ersetzt, oder daß sie abwechselnd zu einer Mahlzeit die Brust, zu der anderen die Flasche gibt. Welche Methode sich mehr empfiehlt, entscheiden der Arzt bzw. die sozialen Verhältnisse. Das Kind soll, bevor es die Flasche erhält, an die Brust gelegt werden, damit es kräftig saugt und durch den kräftigen Saugreiz die Milchsekretion unterhält.

Für die Flaschenernährung gilt die Forderung, daß der Sauger eine möglichst feine Öffnung habe, damit das Kind auch an der Flasche kräftig sauge und nicht etwa bequem werde, was zur Folge hätte, daß die Brust versiegt.

Natürlich ist es auch möglich und manchmal sogar empfehlenswert, die künstliche Nahrung nicht aus der Flasche sondern mit dem Löffel zu geben.

Künstliche (unnatürliche) Ernährung.

Bei einer leider immer noch recht großen Zahl von Kindern müssen wir aus den verschiedenartigsten Gründen, besonders häufig aus sozialen Gründen, auf die natürliche Ernährung verzichten und die Kinder künstlich ernähren. Künstliche Ernährung jedoch ist und bleibt ein gewagtes Spiel, dessen Ausgang nie vorauszusagen ist. Sie sollte möglichst nur auf ärztliche Anordnung und unter ärztlicher Leitung vorgenommen werden. Für diese Ernährungsart kommt in erster Linie gute Tiermilch in Betracht, und zwar die Kuh- oder Ziegenmilch. Die Esel- oder Stutenmilch ist zwar der Frauenmilch ähnlicher, aber zu schwer zu beschaffen und zu teuer. Mischmilch, von mehreren Kühen zusammengemischt, ist vorzuziehen. Trockenfütterung der Tiere braucht nicht verlangt zu werden.

Welche Anforderungen sind an eine gute, zur Säuglingsernährung geeignete Kuhmilch zu stellen?

1. **Die Tiere müssen gesund sein**, dürfen also keine Euterkrankheit, vor allen Dingen keine Tuberkulose haben.

2. **Die Milch muß sauber gemolken sein.** Dies ist nur möglich in einem Betrieb, in dem auf peinlichste Reinlichkeit der Kühe, der Ställe, des Melkers und der Milchgeschirre der größte Wert gelegt wird. In solcher Milch werden sich beim Stehen niemals Schmutzteilchen am Boden absetzen.

3. **Die Milch muß einwandfrei aufbewahrt** werden. Beim Aufbewahren in gewöhnlicher Temperatur findet nämlich alsbald eine Zersetzung durch Bakterien statt.

Vor Zersetzung schützt am besten die Kälte, und zwar muß die Temperatur weniger als 9° Celsius über 0 betragen. Wird die einwandfrei gewonnene kuhwarme Milch sofort auf diese Temperatur abgekühlt und dauernd auf Eis gehalten, so verdirbt sie 24 Stunden lang sicher nicht.

Doch diese günstigen Verhältnisse können wohl da und dort vorliegen, wir dürfen uns jedoch nie auf sie verlassen. Deshalb ist im Haushalte das sofortige Kochen der Milch, Kühlen und nachherige Aufbewahrung an einem kühlen Ort (Eisschrank, Keller, Kühlkiste) dringend erforderlich.

Am zweckmäßigsten ist es, wenn sofort nach der Lieferung die Milch in der bestimmten Menge auf sämtliche Tagesflaschen mit möglichst einer Reserveflasche verteilt, die fertiggestellte gezuckerte Zusatzflüssigkeit zugefüllt und der Verschluß aufgesetzt wird. Dann bringt man zur Sterilisation alle Flaschen zusammen in einem Wasserbehälter aufs Feuer, und zwar so, daß die Wasseroberfläche die Oberfläche der Mischung in den Flaschen überragt. Hier verbleiben sie vom Moment des Kochens an 3—5 Minuten. Dann läßt man unter der Wasserleitung vom Topfrand her oder besser durch einen am Wasserhahn angebrachten und bis auf den Boden des Gefäßes reichenden Schlauch vorsichtig kaltes Wasser (im allgemeinen mit einer Temperatur von 10° C) zu, so daß das warme Wasser allmählich durch kaltes ersetzt wird. Auf diese Weise kühlen die Flaschen schnell ab, ohne zu springen. Natürlich darf nichts in den Verschluß geraten. Kühlt man die Flaschen nicht ab, so wird man oft im Eisschrank, auch wenn sie erst nach einer Stunde hineinkommen, eine erstaunlich hohe Temperatur finden, die seinen Zweck hinfällig macht. Steht ein Eisschrank nicht zur Verfügung, so bewahrt man den Wasserbehälter in fließendem oder wenigstens häufig gewechseltem kaltem

Wasser auf oder in einer sogenannten Kühlkiste, die jederzeit leicht herzustellen ist.

Nicht immer wird es möglich sein, die Milchmischung auf diese zweckmäßige praktische Art herzustellen. Wenn nur eine oder zwei Flaschen im Haushalt vorhanden sind, wird man am besten die Milch, sobald sie ins Haus kommt, in einem Kochtopf — möglichst Emaille — auf das Feuer setzen, 3 Minuten unter Umrühren im Kochen erhalten und dann durch Einsetzen des Topfes in ein Gefäß mit kaltem, häufig auszuwechselndem Wasser unter Umrühren abkühlen. Ist sie erkaltet, wird sie zugedeckt an einem kühlen Ort (Keller, Eisschrank, Kühlkiste) aufbewahrt. Die Zusatzflüssigkeit wird vorschriftsmäßig besonders hergestellt, wie oben angegeben gekühlt und verwahrt.

Vor der Mahlzeit wird die Milch in die Flasche gegossen, mit der Zusatzflüssigkeit verdünnt, vorschriftsmäßig gesüßt und dann, wie oben angegeben, dem Kinde gegeben. Am wenigsten empfehlenswert und nicht ratsam ist es, die Milch von vornherein mit der Zusatzflüssigkeit zu mischen und zu süßen, da bei diesem Verfahren, besonders im Sommer, sehr leicht Verderbnis und dadurch Unbrauchbarkeit für den Säugling eintritt.

Ein praktischer Kochtopf für die Abkühlung der Gesamtmilchmenge ist der von Flügge angegebene; in diesem wird durch besondere Einrichtungen das Überschäumen bzw. Überkochen der Milch vermieden.

Von den Kochapparaten ist der gebräuchlichste der von Soxhlet angegebene. Er besteht aus einem Kochtopf mit Deckel, einem Blechgestell mit Fächern, einem graduierten Mischkrug, der notwendigen Anzahl Flaschen, Gummiplättchen, Schutzhülsen und Reinigungsmaterial. Die Flaschen werden, wie schon erläutert, gefüllt, mit Gummiplättchen und Schutzhülsen versehen und dann auf dem Blechgestell in den mit warmem Wasser gefüllten Kochtopf gebracht, welcher mit dem Deckel zugedeckt auf das Feuer gesetzt wird. Nach Kochen des Wassers bleiben die Flaschen 3—5 Minuten im Kochen und werden dann in der angegebenen Weise gekühlt und aufbewahrt. Beim Erkalten werden die Gummiplättchen eingesogen und die Flaschen dadurch luftdicht verschlossen.

Zur Abtötung der Bakterien der Milch dient nicht nur die Erhitzung auf 100^0 (Sterilisation), sondern auch das sogenannte Pasteurisieren, bei dem die Milch auf 70—80^0 erwärmt wird. Hierdurch verändert sich die Milch weniger eingreifend, doch werden leider auch nicht alle Bazillen abgetötet. Für den Haushalt kommt diese Methode nicht in Frage. Im Anstaltsbetriebe hingegen sind die verschiedenartigsten Systeme im Gebrauch, bei denen man die Möglichkeit hat, zu sterilisieren, zu pasteurisieren und durch Berieselung schnell und ausgiebig zu kühlen. Jedenfalls muß man zu langes Kochen der Milch, wie es früher üblich war, vermeiden, weil es chemische Veränderungen der Milch bedingt, die für das Kind nicht gleichgültig sind und es krank machen können. Deshalb erkundigen Sie sich bei Ihrem Lieferanten, ob die von ihm bezogene Milch nicht etwa schon vor der Lieferung ins Haus sterilisiert ist, damit Sie die Prozedur nicht unnötigerweise wiederholen.

Nicht nur von der Milch müssen wir die größte Sauberkeit verlangen, sondern auch von allen mit der künstlichen Ernährung in Beziehung stehenden Gegenständen, von den Flaschen wie auch von den Saugern, selbstverständlich auch von Ihren Händen. Die Flaschen werden nach dem Trinken sofort mit Wasser gefüllt und möglichst bald mit einer Flaschenbürste, Schrot oder zerkleinerten Eierschalen und dergleichen gereinigt, nachgespült und umgekehrt zum Trocknen aufgestellt. Ein Sterilisieren der Flasche in besonderen Apparaten, wie im Krankenhaus, ist beim einzelnen Kinde im Privathaus nicht notwendig.

Die Sauger sind sofort nach Gebrauch unter dem Strom der Wasserleitung abzuspülen, dann innen und außen mit heißem Soda-, Salz- oder Boraxwasser gründlich zu reinigen, mit klarem Wasser nachzuspülen und in mit sauberem Mull, Leinentuch oder Deckel bedeckten Tassen oder Gläsern, nicht in antiseptischen Lösungen, trocken aufzubewahren. Bei dem im Krankenhaus täglich angewandten notwendigen Auskochen der Sauger in kochendem Wasser werden diese mit einer Pinzette aus dem Wasser nach 3 Minuten langem Kochen herausgenommen und am besten zwischen einem sterilen Tuch trocken aufbewahrt. Im Privathaus ist das ständige Auskochen nicht unbedingt erforderlich.

Als Trinkflasche müssen Sie solche benutzen, welche eine genaue Abmessung der Nahrung erlauben, also nicht etwa die sogenannten Strichflaschen, in denen eine genaue Abmessung der Nahrung kaum möglich ist, die aber auch gewöhnlich schwer sauber zu halten sind, sondern Flaschen, die nach Gramm oder Kubikzentimeter eingeteilt sind. Eine brauchbare Flasche soll nicht mehr als 200 ccm[1]) fassen,

---

[1]) 1 ccm = der tausendste Teil eines Liters, 1 ccm = 1 Gramm Wasser = ungefähr 1 Gramm Milch.

da der Gebrauch größerer Flaschen leicht dazu führt, daß das Kind überfüttert wird. Eine sehr brauchbare Flasche ist die Gramma-Flasche des Kaiserin-Auguste-Victoria-Hauses, die unter dessen ständiger Aufsicht hergestellt wird, 200 ccm faßt, exakt eingeteilt, sehr haltbar ist, und allen hygienischen Anforderungen genügt.

Als Flaschenverschlüsse können die gewöhnlichen Patentverschlüsse mit Gummiringen, saubere ungeleimte, gelbe Wattestopfen, kleine Mullbeutelchen mit Watte oder auch Stopfen aus weißem Papier benutzt werden. Die Stopfen aus Watte und Papier sind vor jedesmaliger Bereitung der Nahrung zu erneuern, die Patentverschlüsse wie die Sauger zu reinigen.

Als Sauger benutzt man einfache Gummihütchen, in die man mit glühender Nadel ein Loch gebrannt hat. Man kann nicht ein und dasselbe Hütchen für verschieden dicke Nahrungssorten verwenden. Für Tee oder stark verdünnte Milch muß das Loch erheblich feiner sein als für Schleim oder Buttermilch, da sonst das Kind sich entweder verschluckt oder überhaupt nichts bekommt. Sauger mit Röhrensystem sind verwerflich, da sie nicht genügend zu reinigen sind.

Technik der künstlichen Ernährung.

Vor der Mahlzeit reinigt sich die Pflegerin die Hände, versieht die bestimmten Flaschen mit dem Saughütchen, das aber nur an seinem unteren Ende angefaßt werden darf und setzt sie in warmes Wasser, das etwa 40^0 C hat. Zur rechten Zeit hat dann die Milch die Wärme des auf Körpertemperatur gesunkenen umgebenden Wassers angenommen. Ein schnelleres Erwärmen im heißen Wasser ist ebenso unzuverlässig wie schnelles Abkühlen in kaltem; wir warnen Sie davor, die Temperatur der Milch nach der des Flaschenglases an seiner Außenfläche schätzen zu wollen, denn dortselbst fühlen Sie die Wärme der umgebenden, aber nicht der inneren Flüssigkeit. Leicht könnten so Brandbläschen auf der Zunge mit ihren Folgeerscheinungen entstehen. Also langsames Erwärmen auf Körpertemperatur!

Die Wärme der zu verabreichenden Milch, also 35^0 C $= 28^0$ R, wird geprüft, indem Sie die gutdurchgeschüttelte Flasche an Ihr Augenlid halten, der Geschmack, indem Sie etwas Milch auf den Handrücken tropfen und kosten.

Das Probieren aus dem Sauger ist strengstens verboten!

Weiter sind folgende Regeln zu beachten:

Die Lage des Kindes soll diejenige sein, die es auch beim Stillen einnimmt, das ist die Halbseitenlage. Die Flasche darf nur am unteren Ende, möglichst weit vom Mundteil entfernt, angefaßt werden. **Während des Trinkens soll die Pflegerin die Flasche halten.** Warum? Mehrere triftige Gründe sind hierfür maßgebend. Oft verliert das Kind den Sauger, und dann findet man die kalte Flasche neben dem Kinde liegen; bis zum zweitmaligen Wärmen vergeht kostbare Zeit, und die Pausen zwischen den Mahlzeiten werden unnötig verkürzt. Oft ist die Milch so ins Bett gelaufen, und man kann sich kein Urteil über die getrunkene Menge bilden. Oder der Sauger gleitet zu tief in den Rachen und verursacht Brechen und Verschlucken. Oft schläft das Kind beim Trinken ein, die Milch läuft weiter und kann in Luftröhre und Lungen fließen, was sofortiges Ersticken zur Folge haben kann. Auch sind schwache Kinder oft nur dann zum Trinken zu veranlassen, wenn man sie fortwährend durch Hin- und Herziehen der Flasche ermuntert.

Nehmen Sie diese Regeln nicht leicht. Wir wissen sehr wohl, daß die Technik der künstlichen Ernährung in manchen Krankenhäusern ein wunder Punkt ist aus Mangel an Pflegepersonal. Doch ist die Sache zu wichtig, als daß man von der Forderung des Flaschenhaltens absehen könnte.

Die Trinkzeit darf sich nie über eine halbe Stunde ausdehnen. Bei Kindern, die langsam trinken, ist es angezeigt, die Flasche mit einem Tuch zu umwickeln, um eine Abkühlung der Nahrung zu vermeiden. Im allgemeinen ist in 10 Minuten die Flasche ausgetrunken. Der etwa verbleibende Nahrungsrest darf in keinem Falle aufbewahrt werden; er wird weggegossen oder im Haushalt anderweitig verwendet.

Wie oft und in welchen Pausen wird die Nahrung gereicht? Haben wir schon bei der natürlichen Ernährung die großen Vorzüge und die Notwendigkeit längerer Pausen zwischen den einzelnen Mahlzeiten kennen gelernt, so sind die dort angeführten Gründe bei künstlicher Ernährung noch viel stichhaltiger, da die unnatürliche Nahrung langsamer den Magen verläßt und ihre Verdauung mehr Zeit erfordert als die der natürlichen.

Man gebe im allgemeinen nicht mehr als 5 Mahlzeiten in $3^1/_2$ bis 4 stündigen Pausen, z. B. um 6 und 10, 2, 6, 10 Uhr oder um 7, $10^1/_2$, 2, $5^1/_2$, 9 Uhr. Keinesfalls gebe man unter normalen Verhältnissen mehr als 6 Mahlzeiten in 24 Stunden. Das Kind muß seine volle Nachtruhe ebenso wie bei natürlicher Ernährung haben. Ausnahmen von dieser Regel kann lediglich der Arzt bestimmen.

Die schwierigste Frage ist die, welche Nahrung man bei der künstlichen Ernährung verwenden soll. Wenn einerseits, wie schon erwähnt, von keiner einzigen Art der künstlichen Ernährung vorauszusehen ist, daß sie zu einem normalen Gedeihen führt, so darf andererseits nicht geleugnet werden, daß verschiedenartige Methoden zum Ziele führen können. So sind mannigfache Arten der Mischung im Gebrauch. Es ist lediglich Sache des Arztes, diesbezüglich Vorschriften zu machen, nach denen Sie sich unter allen Umständen zu richten haben, wie überhaupt die Überwachung der künstlichen Ernährung von Ärzten zu leiten ist. Immerhin wollen wir Sie in die Lage versetzen, im Falle Sie eine ärztliche Vorschrift nicht einzuholen in der Lage sind, sehr gebräuchliche Mischungen anzugeben, die in vielen Fällen zum Ziele führen. Solche gut brauchbaren Mischungen sind Verdünnungen der Kuhmilch, denen Zucker zugesetzt werden muß, um den durch die Verdünnung gesunkenen Nährwert auszugleichen. Sie bedürfen nur zweierlei Mischungen:

1. eine Verdünnung von einem Teil Milch und einem Teil Wasser, das ist die sogenannte Halbmilch, ferner
2. eine Verdünnung von 2 Teilen Milch und einem Teil Wasser, das ist die sogenannte $2/3$ Milch.

Unter eine Verdünnung von einem Teil Milch und einem Teil Wasser müssen Sie auch bei neugeborenen Kindern nicht heruntergehen. Die früher häufig zur Anwendung gelangende Drittelmilch, bestehend aus 1 Teil Milch und 2 Teilen Wasser, ist kaum mehr in Gebrauch. Von der 4. Woche an können Sie statt mit einfachem Wasser mit einer ganz dünnen Schleimabkochung die Milch verdünnen. (Ich verweise auf die Zubereitung des Schleimes unter den Kochvorschriften.) Als Zuckerzusatz verwenden Sie Kochzucker, wenn nicht vom Arzt andere Zuckerarten verordnet werden. Die Menge des Zuckers betrage ungefähr 5—6% auf die Flüssigkeitsmenge, d. h. auf 500 g Halb- oder Zweidrittelmilch kommen 25—30 g Zucker. Ebenso wie Sie die Abmessung der Flüssigkeit genau nach dem Litersystem vorzunehmen haben, sollen Sie den zugesetzten Zucker mit Hilfe der Wage abwiegen und nicht etwa nur schätzen. Deswegen raten wir Ihnen bei der Abmessung des Zuckers von der Abmessung nach Eßlöffeln, Kinderlöffeln oder Teelöffeln abzusehen und eine kleine, genaue Wage zu benutzen.

Bezüglich der Mengen, welche dem Kinde zu geben sind, möchten wir Ihnen folgende Anhaltspunkte geben:

Von der Halbmilch gebe man in den ersten 14 Tagen ganz allmählich steigende Mengen bis zu ungefähr 500—600 g und steigere ganz langsam dem Nahrungsbedürfnis des Kindes folgend bis 5×160—180 g. Voraussetzung der Steigerung ist ein normales Stuhlbild. Flacht die Gewichtskurve ab, steigern wir schneller, während wir bei guter Zunahme ruhig abwarten.

Im 3.—4. Monat leiten wir auf $2/3$-Milch über und stellen diese nun nicht mehr aus Milch und Schleim, sondern aus Milch und 5%iger Mehlsuppe her. Am gebräuchlichsten sind Weizen- und Hafermehl, aber auch Roggenmehl, Reismehl, Maismehl, Gerstenmehl, Kartoffelwalzmehl können Sie benutzen. Die Menge der Zweidrittelmilch soll pro Tag nicht mehr als 900 bis 1000 g betragen.

Wir machen Sie bei dieser Gelegenheit noch einmal auf eine wichtige Aufgabe bei der Durchführung der künstlichen Ernährung aufmerksam. Solange sich der Säugling bei einer bestimmten Nahrungsmenge wohl fühlt, alle Zeichen der Gesundheit zeigt und eine befriedigende Zunahme aufweist, steigern Sie nie ohne Grund die Menge etwa nur deshalb, weil er einige Wochen älter geworden ist, oder weil es auf der Tabelle steht. Sie können nicht mehr verlangen, als gedeihliche Fortentwicklung und durch ein Mehr an Nahrung das Kind schädigen. Manche Kinder können monatelang mit der gleichen Menge tadellos gedeihen. Sie sollen ihnen nicht mehr geben, als sie gerade zu gutem Gedeihen notwendig haben. Denn Überernährung schädigt die Kinder genau so wie Unterernährung, welche Sie jedoch mit den angegebenen Mischungen und Mengen vermeiden können.

Als eine brauchbare Regel können wir Ihnen noch folgendes angeben: Geben Sie dem Kinde vom 2.—8. Monat $1/10$ des Körpergewichtes an Milch, $1/100$ des Körpergewichtes an Zucker und Mehl, verteilt auf ca. $3/4$ bis 1 Liter Flüssigkeit, eingeteilt auf 5 Mahlzeiten in 3—4 stündigen Pausen. Im 6. Monat beginnen Sie die Mittagsmahlzeit durch Beikost zu ersetzen. Es ist das auch der Moment, in dem Sie von der verdünnten Milch auf Vollmilch übergehen können. Doch ist das nicht absolut notwendig. Nach dem ersten Halbjahr können Sie auch die abendliche Flasche durch einen Milchbrei, bestehend aus 200 g Milch mit eingekochtem Grieß oder Zwieback ersetzen.

Wie nochmals betont sei, ist das nur ein Weg der künstlichen Ernährung. Es gibt mannigfache andere, die zum Ziel führen, welche der Arzt anordnen kann, dem Sie unbedingt Folge leisten müssen.

Die Beikost.

Mit Beginn des zweiten Halbjahres, gleichgültig ob natürlich oder künstlich genährt wird, soll die sogenannte Beikost verabreicht werden. Sie besteht aus Grieß, gestoßenem Reis, gemahlenen Graupen, die in einer Brühe gekocht werden. Die Brühe kann Fleischbrühe oder Gemüsebrühe sein. Zur Herstellung der Fleischbrühe genügt $1/4$ Pfund mageres Fleisch, zur Herstellung der Gemüsebrühe sind nötig $1/2$ Pfund Mohrrüben, Kohlrüben, aber auch Spargel oder $1/4$ Pfund Kohlrabi. Diese werden etwa $3/4$ bis 1 Stunde lang mit einem Liter Wasser gekocht, in der so gewonnenen Gemüsebrühe wird der Grieß 20 Minuten gekocht. Eine halbe oder ganze Kartoffel kann von vornherein dazugesetzt und mit durchgerührt werden.

Bei den ersten Versuchen, den Kindern den Brühgrieß beizubringen, stellen sich diese oft recht ungeschickt an oder verweigern diese Art der Nahrung. Um den Übergang unmerklich zu gestalten, soll die Beikost zunächst sehr dünn, fast wässerig sein, so daß sie von der Flaschennahrung kaum zu unterscheiden ist. Man reiche in der ersten Woche nur einmal täglich einige Teelöffel davon vor der Mittagsflasche. Man lasse sich nicht entmutigen, wenn die Kinder sich zunächst sträuben oder ausspucken, versuche es vielmehr immer wieder, evtl. unter Zusatz einiger Prisen Salz oder Zucker. Schließlich kommt man doch mit Beharrlichkeit zum Ziel. Dann kann man auch die Brühe etwas dicker machen, so daß die Beikost nicht mehr flüssig, sondern breiartig ist. Ist man so weit, so beginne man mit der Zugabe von Gemüse, Spinat oder Karotten, die zuerst in Mengen eines halben Teelöffels zugesetzt werden. Aber auch andere Gemüse sind, fein durchpassiert, erlaubt. Auch frische Fruchtsäfte, wie Apfelsinensaft, Kirschensaft, Himbeersaft, Traubensaft, ferner geschabte Karotten oder geschabte Äpfel können dann die Nahrung ergänzen. Fruchtsäfte können sogar mit Vorteil vor dem 6. Monat gegeben werden.

Ist das Kind an die Beikost gewöhnt, ersetze man, wie bereits erwähnt, die Abendmahlzeit durch einen Milchbrei, und sind die ersten Zähnchen da, kann man dem Kinde zur einen oder anderen Flaschenmahlzeit einen Zwieback oder Kakes in die Hand geben.

Ebenso wie dem Kinde die Flaschennahrung richtig temperiert werden muß, darf auch dem Kinde die Beikost nicht zu heiß verabfolgt werden. Manchmal ist die Verweigerung der Beikost darauf zurückzuführen. Die Pflegende koste vorher mit einem andern Löffel. Sie füttert auf ihrem Schoß; damit das Kind sich nicht verschlucke, muß sie seinen Kopf etwas höher legen; um zu schnelles Erkalten der Beikost zu vermeiden, kann ein Wärmeteller angewandt werden. Die Beikost wird auf einem Teller oder in einem Topf zugedeckt auf einen Topf mit kochendem Wasser gesetzt, von dort aus in kleinen Portionen verfüttert oder auch aus dem mit einer dicken Lage Zeitungspapier umhüllten, zugedeckten, auf einer Lage Zeitungspapier stehenden Kochtopf in kleinen Mengen entnommen. Besonders wenn die Kinder nur langsam die Nahrung aufnehmen, ist die dauernde Anwärmung der Kost zweckmäßig. Eier gebe man im ersten Jahr nicht, da sie unnötig sind und in vielen Fällen schlecht vertragen werden. Auch Fleisch soll frühestens am Ende des 1. Jahres, höchstens teelöffelweise zur Beikost zugesetzt werden, nachdem es fein geschabt oder passiert worden ist.

Löst die Beikost häufigere Stuhlgänge aus, ist der Arzt zu Rate zu ziehen. Wenn in normalem Stuhlgange zunächst Gemüsereste in natürlicher Farbe sichtbar werden, ist das nicht ein Zeichen von Krankheit.

Pflege des Säuglings.

Aufgabe der Pflege des Säuglings ist es, ihn vor allen Schädigungen zu bewahren. Sie muß sich mit einer genauen Beobachtung verbinden, um die Gefahren, die ihn bedrohen, sofort zu erkennen. Pflegen kann nur diejenige Persönlichkeit, welche mit genauen Kenntnissen von dem, was dem Säugling nottut und was ihm schadet, die Liebe zum Kinde verbindet, die wahre Mutter und die mütterlich empfindende Pflegerin. Verschieden sind die Anforderungen, die an die Pflege des Kindes in der Familie gestellt werden, von denen, die die Anstaltspflege des Säuglings erfordert. Beide müssen gelernt sein. Diejenige Persönlichkeit, die instinktiv über das größere Verständnis für die Lebensäußerungen des Säuglings verfügt, die von Natur aus mit guter Beobachtungsgabe begabt ist, wird unter der Voraussetzung grenzenloser Hingabe mehr leisten, als derjenige, die in dieser Beziehung von der Natur aus stiefmütterlich behandelt wurde. Aber keine Mutter rede sich ein, daß ihr Instinkt genüge, um zu pflegen, keine Pflegerin glaube, daß sie schon, weil sie Frau ist, die Säuglingspflege beherrscht. Zur Pflege gehören Kenntnisse, und wir wollen neben der instinktmäßig sich abspielenden Pflege nicht gering schätzen diejenige, die auf dem Boden der Vernunft und besonderer Regeln aufgebaut ist. Instinktmäßige und Vernunftpflege müssen sich verbinden, um etwas Ganzes zu leisten.

Der Säugling ist hilflos. Er kann nicht klagen wie der Erwachsene. Man muß ihm seine Leiden von seinem Körperchen absehen, aus seiner Stimmung ablesen. Man muß sein Geschrei deuten können. Infolge dieser Hilflosigkeit wird von der Säuglingspflegerin und von der Mutter viel mehr verlangt, als in Dienstvorschriften stehen kann. Eine Säuglingspflegerin, die nur ihre Pflicht erfüllt, sollte den Beruf lieber lassen; denn sie muß bereit sein zu steter Hilfsbereitschaft bei Tag und bei Nacht ohne Rücksicht auf eigene Bequemlichkeit. Sie muß gefühlvoll eingehen können auf die vielen Wünsche und Bedürfnisse der kleinen Wesen, die nicht sprechen und nicht bitten können. Sie muß sich hineinleben in den Seelenzustand der Kinder, um den feinsten Stimmungswechsel in den Augen zu lesen, des Kindes Schmerz und Freude mitfühlen; dann erst wird sie in stillen Stunden ein Gefühl innerer Befriedigung überkommen, das sie kaum in einem anderem Beruf jemals empfinden mag. **Niemals aber darf Mutter oder Pflegerin die Ruhe verlassen.** In diesem Satze liegt eine außerordentlich schwere Forderung, wenn wir bedenken, daß nur diejenige gut pflegen wird, die mitfühlt. Aber Ruhe gehört unbedingt zur Säuglingspflege, selbst dann, wenn schwere Erkrankung den Mut fast rauben will. Gerade auf Säuglingsabteilungen wird nur diejenige Pflegerin Hervorragendes schaffen, die im Gefühl ihrer Kenntnisse und der Sicherheit ihres Handelns ruhig und zielbewußt ihren Dienst versieht.

Der größte Feind des Säuglings ist der Schmutz, und deswegen ist das erste Erfordernis in der Pflege des Säuglings die peinlichste Sauberkeit. Diese Sauberkeit hat sich zu beziehen auf die Pflegerin, auf die Umwelt des Säuglings und auf den Säugling selbst.

Die Pflegerin muß den eigenen Körper von Kopf bis Fuß sauber halten. Die größte Aufmerksamkeit erfordert die Hand. Die Nägel sind kurz und peinlich sauber zu halten. Die Kleidung der Pflegenden sei waschbar; zumindest muß die Pflegerin bei der Arbeit eine saubere Schürze tragen; denn im Schmutz sind die für das Kind gefährlichen Bakterien. Was sind das für Kreaturen, diese geschworenen Feinde des Säuglings? Bakterien mit den Unterabteilungen Kokken, Bazillen und Spirillen sind kleinste mikroskopisch sichtbare, aus einer Zelle bestehende Lebewesen, die zur untersten Stufe des Pflanzenreiches gehören. Nicht alle sind dem Menschen schädlich, doch eine große Anzahl bildet die Erreger unserer ansteckenden Krankheiten. Sie müssen wissen, daß fast alle ansteckenden Krankheiten, wozu die Erkrankungen der Atmungsorgane, die sich in nichts anderem zu äußern brauchen als in Husten und Schnupfen, die Lungenentzündungen, aber auch gewisse Darmkatarrhe der Säuglinge gehören, durch Berührung übertragen werden können, und zwar genügen zur Ansteckung (Infektion) mikroskopisch kleine Staubteilchen, die diese Bakterien enthalten, so klein, daß man sie mit dem bloßen Auge gar nicht erkennen kann; und doch müssen Sie den Säugling vor ihnen schützen. Sie verstehen, daß es keine leichte Sache ist, sich eines Feindes zu erwehren, den man nicht sieht. Doch Sie müssen den Kampf aufnehmen. Der Preis sind die Ihnen anvertrauten kleinen Menschenleben.

Alle Gegenstände in der Umwelt des Kindes, die es anfassen kann oder die mit ihm in Berührung gebracht werden, müssen sauber gehalten sein, wie Wäsche, Wickelbekleidung, Unter- und Überkleidung, Lagerstätte, Zimmer und alle Gebrauchsgegenstände zur Pflege und Ernährung sowie Erziehung.

Mutter und Pflegerin müssen ihrer eigenen Gesundheit die größte Aufmerksamkeit schenken. Wer sich krank fühlt, wer mit Husten, Schnupfen oder sonstigen ansteckenden Krankheiten behaftet ist, muß dem Kinde fern bleiben. Wir kommen darauf noch bei der Besprechung der Tuberkulose zurück. Kann die Mutter oder die Pflegende aus äußeren Gründen bei einer Erkältungskrankheit dem Kinde nicht absolut fern bleiben, so muß sie den Säugling vor Übertragung ihrer mit dem ausgehusteten Sekret aus Mund und Nase herausgeschleuderten Bakterien dadurch schützen, daß sie sich ein Tüchlein vor Mund und Nase bindet. Sie darf auch sonst nicht etwa das Kind anhauchen und nicht mit dem eigenen Taschentuch Nase und Mund säubern.

Um keine Infektion des Säuglings hervorzurufen und auch nicht die Schutzkräfte zu zerstören, die dem Säugling gegeben sind, damit er sich der Keime erwehre, darf auch der Mund des Säuglings nicht gereinigt werden. Stellen Sie sich vor, Sie würden gefesselt und ein Riesenfinger, bewaffnet mit einem feuchten Lappen zweifelhafter Güte, führe Ihnen im Munde herum bis in den Rachen hinein und das nicht einmal, nein mehrmals täglich, nicht eine Woche, sondern viele Monate. Können Sie sich überhaupt vorstellen, daß dies der Mundschleimhaut förderlich ist? Und bedenken Sie dazu, wie unendlich viel zarter die Schleimhaut im Munde des Säuglings ist. Durch gewaltsame Scheuerung des Mundes werden die oberflächlichen Zellen weggewischt, Verletzungen treten auf und durch die wunden Stellen halten die Bakterien ihren Einzug und verursachen Krankheiten, wie die Mundfäule oder Geschwüre an den hinteren Ecken des Gaumens, die über linsengroß sind. Es kann natürlich einmal notwendig werden, daß bestimmte Flüssigkeiten auf die Schleimhaut des Mundes aufgepinselt werden, doch kann das nur der Arzt bestimmen. Ebenso verwerflich wie das Mundauswischen ist das von der früheren Wildheit der Menschenrasse herrührende Durchstechen des Ohrläppchens, das zu Entzündungen und Ausschlägen führen kann.

Das Baden des Säuglings.

Das vorzüglichste Mittel der so notwendigen Hautpflege ist das tägliche Bad. Das neugeborene Kind wird sofort nach der Geburt gebadet. Dadurch wird es vom Käseschleim befreit, der es bedeckt. Im preußischen Hebammenlehrbuch heißt es:

„Das Kind wird zuerst **gebadet**. Das Badewasser soll 35º C warm sein. Die Temperatur des Badewassers ist stets mit dem Badethermometer zu prüfen. Es ist eine Fahrlässigkeit, nur die Hand dazu zu nehmen. In dem Badewasser, welches den ganzen kindlichen Körper mit Ausnahme des Gesichts bedecken soll, wird das Kind gereinigt vom anhaftenden Kindsschleim. Hierzu nimmt man Watte, aber niemals einen Schwamm. Ist der Körper des Kindes stark mit Kindsschleim bedeckt, so kann man ihn durch Abreiben mit Öl besser entfernen. **Die Augen des Kindes sollen aber nie mit dem Badewasser in Berührung kommen**, sondern mit Watte, die in besonderes reines Wasser getaucht ist, gereinigt werden.

Baden Sie den Säugling möglichst vor der zweiten Mahlzeit. In der heißen Jahreszeit ist es oft zweckmäßig, das Kind in den kühlen Vormittagsstunden an die Luft zu bringen und mittags zu baden; im Herbst oder Winter baden Sie am besten am Abend vor der letzten Mahlzeit, damit Sie nicht morgens vielleicht im ungeheizten Raum das Bad vorzunehmen brauchen und auch das Kind in den sonnigen Vormittagsstunden an die Luft kommen kann. Freilich ist es notwendig, auch im Laufe des Tages Waschungen zu geben, abends eine solche des ganzen Körpers und bei jeder Beschmutzung die der betreffenden Gegend. Doch nichts vermag so in alle Falten des Körpers einzudringen wie das Badewasser.

Wie überhaupt, so gilt ganz besonders beim Baden die Regel: **nur nicht erkälten.** Gerade in einem Krankenhaus, wo es große Zimmer mit vielen Fenstern und Türen gibt, wo oft unerwartet hier einer hereinkommt, dort einer hinausgeht, wo die Wanne oft recht weit vom Bettchen steht, ist doppelte Wachsamkeit nötig. Sie sind verantwortlich dafür, **daß während des Badens Türen und Fenster dauernd geschlossen bleiben.** Im Privathause wird man die Wanne nahe an den Ofen setzen und mit einem Wandschirm umgeben.

Das Wasser soll die Temperatur von 35⁰ C haben (im zweiten Halbjahr 34⁰). Sie ist **unbedingt mit dem Bade-Thermometer im Wasser festzustellen,** da die an Arbeit gewöhnten Hände oder Ellbogen bei weitem nicht genügendes Wärmeschätzungsvermögen besitzen. Es ist eine bekannte Tatsache, daß sich das Wasser mit kalten Händen zu warm, mit warmen zu kalt anfühlt. Vor der Messung ist das Bad gut durcheinander zu rühren.

Wie lange soll das Kind im Wasser bleiben? Beobachten Sie einen Säugling, der zu lange Zeit im warmen Bade zugebracht hat, wie Haut und Muskeln erschlafft sind, wie er teilnahmslos in seinem Bettchen liegt und nicht mehr vergnügt mit Ärmchen und Beinchen zappelt, wie er noch lange nachher wegen der schlaffen und erweiterten Hautgefäße schwitzt. Merken Sie sich: **Das Baden geschehe so schnell wie möglich, in 3—5 Minuten soll es beendet sein.**

Soll das Kind nachher kalt übergossen werden? An dieser Stelle möchten wir Ihnen einen Rat mit auf den Weg geben, den Sie in allen Zweifelsfällen vor Augen haben sollten, sofern Sie nicht gedankenlos und mechanisch arbeiten, sondern Ihren gesunden Menschenverstand gebrauchen. Lassen Sie sich stets von der Natur, unserer besten Lehrmeisterin, leiten, schenken Sie Gehör Ihrem natürlichen Empfinden. Sehen Sie sich in der Natur um, ob irgendwo ein Tier oder Naturvolk seine Jungen einer so plötzlichen und energischen Kältewirkung aussetzt, wie sie der kalte Überguß darstellt. Fühlen Sie ferner nicht, wie unsympathisch diese Prozedur dem zarten Wesen ist? Wollen wir es doch nicht immer besser machen als die Natur. Grundsätzlich soll man im Säuglingsalter von dem Gebrauch kalten Wassers für Abhärtungszwecke absehen. Sowohl die Kinderärzte als auch diejenigen, die sich spezialistisch mit der Wasserheilkunde (Hydrotherapie) beschäftigen, sind sich darüber einig, daß für den Säugling das warme Bad das beste ist. 35⁰ C ist die richtige Temperatur des Bades, das im

Säuglingsalter täglich einmal gegeben werden soll. Die vielfach beliebten kalten Übergießungen nach dem Bad dürfen keinesfalls vorgenommen werden. In Krankheitsfällen allerdings können diese Güsse manchmal lebensrettend wirken. Doch das bestimmt jedesmal der Arzt.

Es ist streng verboten, die Wanne oder den Holzbottich noch zu anderen Zwecken zu benutzen, etwa zum Waschen der Windeln oder gar der Unterlagen für die Wöchnerin. Sie könnten dadurch, daß Sie schädliche Krankheitskeime übertragen, das Leben und das Augenlicht ihres Schützlings aufs Spiel setzen.

Von der Ausführung des Badens, das Sie am besten im praktischen Dienst erlernen, brauchen wir nicht viel zu sagen. Nachdem das Wasser auf die richtige Temperatur gebracht, das Kind vom Stuhlgang gründlich gesäubert ist, wird das Badetuch an Ihrem Gürtel eingesteckt. Benutzen Sie immer dieselben Stellen des Tuches für Gesicht und Gesäß. Sie fassen dann zweckmäßig mit Ihrer linken Hand unter dem Kopf des Kindes her um das linke Schultergelenk, so daß der Nacken auf Ihrem Handgelenk ruht. Sie haben so die rechte Hand zum Waschen frei. Die Hauptsache bleibt auf jeden Fall, daß Sie das Kind mit Ihrer Rechten unter dem Gesäß fassend sanft und unmerklich ins Wasser hineingleiten lassen und weiterhin mit der Linken gut festhalten, so daß es sich sicher fühlt; dann wird dem Kind das Baden zum Hochgenuß. Im Bade wird das Kind mit einer milden Seife gereinigt.

Zu achten ist besonders auf die genaue Reinigung der Falten (Schenkelbeuge, Achselhöhle, Hals, Ohr) und auf die Entfernung der gelben Kopfschuppen (Grind genannt), die mit Öl abzuweichen sind. Das Gesicht (speziell die Augen) ist nicht im Bade, sondern mit besonderen Läppchen oder Wattebausch in reinem Wasser zu waschen. Betrachten Sie beim Baden genau die gesamte Oberfläche des Körpers, um rechtzeitig Ausschläge, kleine Verletzungen, Lähmungen, Anschwellungen und Verkrümmungen der Glieder zu entdecken.

Das ins Badetuch geschlagene Kind wird schnell am Fußende des Bettes sanft getrocknet, mehr abgetupft[1]) als gerieben und sogleich mit vorgewärmter Wäsche versehen. Ungenügende Trocknung der Haut kann zur Abkühlung führen und dadurch eine Erkrankung des Kindes zur Folge haben. Wichtig ist das vollständige Trocknen des Gehörganges mit gedrehten Watteflöckchen (nicht mit Instrumenten). Auf die gleiche Art ist

---

[1]) So, daß die Hand das Badetuch, nicht das Badetuch den Körper reibt.

die Nase zu säubern; freie Nasenatmung ist die erste Vorbedingung für gutes Trinken.

Auch die Nägel sind öfter nachzusehen, zu schneiden und sauber zu halten.

Nach dem Baden soll das Kind ins Bett gebracht werden, trinken und mindestens eine halbe Stunde im Zimmer bleiben.

Kranke Kinder, auch frühgeborene Kinder dürfen nur gebadet werden, wenn die ärztliche Erlaubnis dazu vorliegt und eine geübte Hand das Baden vornimmt. Denn kranke und frühgeborene Kinder sind gegen Abkühlung besonders empfindlich.

Vom Trockenlegen und Pudern.

Um das Kind sauber zu halten ist es notwendig, es regelmäßig trocken zu legen und zu pudern.

Man lege das Kind trocken, so oft es naß ist. Wer seinen Pflegling lieb hat und immer um ihn sein kann, merkt häufig schon in dessen Gesichtszügen, ob etwas passiert ist. Der Säugling läßt meist doppelt so oft Urin, als er Mahlzeiten bekommt, und durchschnittlich zweimal Stuhl in 24 Stunden (auch ein- oder dreimal braucht noch nicht krankhaft zu sein), und zwar erfolgt die Urinentleerung häufiger während des Wachens, oft kurz nach dem Trinken vor dem Einschlafen, seltener während der Nacht. Das Trockenlegen geschieht besser vor als nach dem Trinken; denn, da manche Kinder bei stärkerer Bewegung leicht erbrechen, ist es gut, sie nach der Mahlzeit in Ruhe zu lassen, obwohl sie sich gewöhnlich unmittelbar nach dem Trinken benässen. Sonst wird man im allgemeinen für das Trockenlegen keine festen Regeln geben können. Je weniger Säuglinge eine Pflegerin zu besorgen hat, um so eher wird sie ein Naßliegen des ihr anvertrauten Säuglings verhüten können. Aus dem Schlafe soll man ein Kind nur dann wecken, um es trocken zu legen, wenn es wund ist. Hier erfüllt das Trockenlegen auch den Zweck, das Wundsein möglichst schnell zur Heilung zu bringen; durch das Naßliegen würde diese verhindert.

Hüten Sie sich jedoch vor jeder Mißhandlung der zarten Haut! Vermeiden Sie Lysol oder irgendeine andere desinfizierende Flüssigkeit, scheuern Sie nicht übermäßig; sonst bewirken Sie kleinste Verletzungen der Haut und berauben diese der natürlichen Lebenseigenschaften, die der beste Schutz gegen Infektionen sind. Das Reinigen geschieht am **billigsten mit einem Jutebausch, am besten jedoch mit Watte**; bei Neigung zu Wundsein muß unbedingt Watte zur Reinigung verwendet werden. Zu beachten ist, daß man Mädchen von vorn nach hinten wischt, damit keine Darmbakterien in die Nähe der Harnröhre gelangen und Blasenkatarrh erzeugen.

Was das Pudern betrifft, so können bei sorgsamer Pflege manche Säuglinge ohne dieses Mittel auskommen. Bei den meisten Kindern und besonders den Krankenhauskindern ist das jedoch nicht möglich. Man trage den Puder d ü n n auf und entferne das Überflüssige wieder aus den Falten mit dem Windelzipfel. Wie jede Übertreibung, so kann auch hier ein Zuviel schädlich sein. Sie werden gewiß schon erlebt haben, daß bei dickem Aufstreuen in den Schenkelfalten sich der mit beißendem Urin getränkte Brei festgesetzt hat und dort, zumal wenn Sie nicht nach jedem Naßwerden alles ordentlich abgewischt haben, seine zerstörende Wirkung ausübt, wobei Sie dann verzweifelt klagen: „Und ich habe doch so dick gepudert."

Zum Pudern bediene man sich einer Dose mit durchlöchertem Deckel. Watte zu benutzen ist weniger zweckmäßig, weil erfahrungsgemäß oftmals derselbe Bausch, benutzt und beschmutzt, wieder zum frischen Puder gelegt wird.

Billige und gute Puder sind die mineralischen Pulver wie T a l c u m und Z i n k p u d e r zu gleichen Teilen oder auch weißer T o n. Empfehlenswert sind auch manche der fabrikmäßig hergestellten Fettpuder, die trocken aufbewahrt werden müssen. Sie trocknen nicht nur, sondern halten auch etwas die Feuchtigkeit ab, was bei Neigung zu Wundwerden von großer Wichtigkeit ist. Einfache Mehle, wie Kartoffelmehl, Reismehl u. a., sind wegen ihrer Zersetzungsfähigkeit streng verboten.

Es empfiehlt sich, die beschmutzten Stellen nach jedem Stuhlgang und wenn möglich auch nach jedem Harnlassen mit lauwarmem Wasser abzuwaschen.

Kleidung.

Die Kleidung hat den Zweck, den zarten Organismus vor unnötiger Wärmeabgabe zu schützen. Sie soll die empfindliche Haut nirgends durch neue oder rauhe Stoffe oder ungeeignete Befestigungsmittel reizen oder drücken. Sie soll so locker sitzen, daß weder Atmung noch Blutkreislauf noch Bewegungen gehindert sind. Sie richtet sich nach Alter und Jahreszeit. In bezug auf Äußerlichkeiten ist der Säugling sehr anspruchslos; eine warme Flanelldecke, in der es nach Belieben strampeln kann, ist ihm lieber als das schönste Spitzenkleidchen. Kurz gesagt: Die Kleidung soll so warm und so locker wie nötig sein. Fort mit allem Flitter! Meist wird der Fehler gemacht, die Kinder **viel zu warm ein-zupacken.** Die Folgen sind noch schlimmere, als wir sie Ihnen beim Hinweis auf die zu langen Bäder geschildert haben. Von Schweiß triefend liegen die hilflosen Wesen in einem dauernden Dampfbad. Sie sehen stets blaß aus, Haut und Muskulatur sind schlaff. Wegen der gesteigerten Wasserabgabe nehmen sie an Gewicht nicht zu sondern ab, und sie **erkälten sich äußerst leicht,** da die Hautgefäße wegen ihrer Erschlaffung gegen einen Kältereiz nicht gewappnet sind.

Andrerseits müssen Sie sich ebensosehr, besonders bei Spaziergängen, vor dem entgegengesetzten Fehler, vor zu dürftiger Bekleidung Ihres Pfleglings hüten. Oft hört man die besorgte Mutter fragen: „Mein Püppchen hat immer so kalte Ärmchen; woher kommt das denn eigentlich?" Warum wickeln Sie es denn nicht ein, Verehrteste? Ist das Kind zu schwach, um selbst genügend Wärme in seinem Innern zu produzieren, so muß eben von außen nachgeholfen und verhindert werden, daß das bißchen Wärme an die Außenluft abgegeben wird. Weiter: Sie alle wissen, wie Bewegung den Appetit anregt, die Verdauung befördert, die Körpersäfte zur Zirkulation anreizt und so auf Muskeln und alle Organe günstig einwirkt. Und nun betrachten Sie ein lang ausgestreckt zusammengeschnürtes armes Wesen, das wie in einen mittelalterlichen Folterblock geschraubt zu sein scheint. Wickeln Sie es los, so sehen Sie, wie es freudig mit Armen und Beinchen zappelt und Sie glückselig anlacht. Geben Sie ihm Strampelfreiheit! Mindestens einmal täglich soll sich das Kind im Gebrauche der von allen hinderlichen Kleidungsstücken entblößten Glieder üben!

Wie macht es die Natur? Im Mutterleib hat das Kind die Glieder angezogen, und diese Stellung nimmt es auch nachher mehr oder weniger ein, wenn man es sich selbst überläßt. Und das ist gut so; die zusammengekauerte Lage schützt vor unnötigem Wärmeverlust, und die angezogenen Oberschenkel werden bei Benässung nicht im Schmutze liegen und entgehen so dem Wundwerden. **Also nicht gewaltsam die Beinchen gerade strecken wollen!**

Das Ankleiden lernen Sie am besten durch Übung, und wenn Sie das vorhin Gesagte beherzigen, so werden Sie die Technik bald beherrschen. Hier nur einige Bemerkungen über die gebräuchlichsten Bekleidungsstücke. Die der Haut anliegende Windel soll von zartem Gewebe sein und sich möglichst glatt anschmiegen, damit sie **nirgends reibt und drückt;** Flanell und wollene Windeln verhindern die

Verdunstung und sind schlecht waschbar; leider trifft man sie bei ärmeren Leuten häufig. Der frischgekaufte steife Stoff muß erst gewaschen werden, damit er geschmeidig wird. Die Größe beträgt etwa 90 cm im Quadrat; die Windel wird zum Gebrauch dreieckig gefaltet. Die darüberliegende kleinere (etwa 50 cm im Quadrat) sei von gut wasseranziehendem Stoff. Über dieser liegt meist eine kleine wasserdichte Unterlage. Es ist sehr wichtig, daß die Unterlage nicht zu groß ist, sondern nur zur Hälfte das Kind umgibt, damit die Feuchtigkeit verdunsten kann, und nicht der warme Urin darin die Haut erweicht und das Wundwerden begünstigt. Sie sei deshalb nur 30—35 cm groß. Nach außen zu liegen kommt das etwa einen Quadratmeter große warme Wickeltuch. Sie können daran Ihre Kunst zeigen, es möglichst locker herumzulegen und doch so zu befestigen, daß es nicht losgestrampelt wird. Ein einfacheres gutes Verfahren, bei dem jedoch mehr Wickeltücher in die Wäsche wandern, ist, über die dreieckige Windel gleich das Wickeltuch zu legen und ein größeres Wachstuch über das Bettuch auszubreiten. Das Wickeltuch muß so beschaffen sein, daß es sich gut waschen läßt und nicht schlechte Gerüche festhält.

Das noch aus früheren Zeiten her bekannte Einschnüren in Binden, das „Wickeln", ist längst als mittelalterliche Marter abgeschafft. Glauben Sie nicht, daß durch festeres Schnüren der Rücken des Kindes stärker würde; das Gegenteil ist der Fall. Alle Muskeln, auch die Rückenmuskeln, werden nur durch Tätigkeit kräftiger, durch Behinderung und Einengung aber schwächer.

Die übrigen Teile der Erstlingskleidung sind Hemdchen und Jäckchen, von denen das eine vorn, das andere hinten geschlossen ist. Weshalb aber das Hemdchen stets aus Leinen oder ähnlichem dünnen Stoff bestehen muß, der den Schweiß zwar schnell aufsaugt, aber ebenso schnell die unangenehme Verdunstungskälte erzeugt, wo es vom hygienischen Standpunkt aus viel geeignetere Unterkleiderstoffe gibt, ist nicht recht einzusehen. Es gibt jetzt poröse baumwollene Stoffe, die sich gut für Säuglingshemdchen eignen. Anstatt Jäckchen aus Stoff sind gestrickte sehr zu empfehlen; sie sind gut waschbar, dauerhaft und luftdurchlässig.

Sehr zarte junge Säuglinge werden gelegentlich auch in ein Steckbett bzw. Steckkissen gelegt, doch warnen wir vor übermäßigem Gebrauche; denn die Gefahr der Überhitzung und Schwächung ist sehr groß. Die Polsterung des Steckbettes kann nur durch einen wasserdichten Überzug vor Durchnässung geschützt werden, und das gelegentlich durchnäßte, ungewaschene und nicht desinfizierte Steckbett bildet leicht einen Brutplatz von Keimen. Es ist daher auch für das Krankenhaus unbrauchbar; man kann den Säugling durch eine geschickt umgeschlagene wollene Decke so einhüllen, daß nur das Gesicht heraussieht, und ihn so selbst im Freien umhertragen. Er hat dann unter der Decke genügend Freiheit, sich durch Bewegung warm zu halten. Jedenfalls soll man sich von Zeit zu Zeit überzeugen, ob das Kind in seinen Umhüllungen warm ist; das geschieht am besten durch Betasten der Beinchen und Füße.

Ist der Rücken kräftig genug, so kann man ein sog. ³/₄ langes, bis an die Füße reichendes **Tragkleidchen** anlegen (etwa vom 5. Monat an). Dazu gehören Strümpfe und weiche Schuhe, sonst werden sich die Füßchen meist unangenehm kalt anfühlen. Mit dem Tragen von Lederschuhen beginne man erst dann, wenn das Kind im Freien laufen kann. Zu Hause sind gehäkelte Schuhe stets vorzuziehen, weil sich die Muskeln und Gelenke der Füßchen so besser und normaler entwickeln.

Im Freien bedecke man den Kopf mit einem Häubchen; im Hause bleibt dies weg, damit der Kopf nicht verweichlicht und die Ventilation der Ohren nicht verhindert wird.

Fängt das Kindchen zu krabbeln an (7. Monat), so verkürzt man das Kleidchen und legt ein **Windelhöschen** möglichst nicht aus Gummi an, das an ein Leibchen zu knöpfen ist. Die im Krankenhaus vielfach beliebte Methode, als Ersatz des Höschens eine Windel so zu binden, daß sie nicht abgleitet, ist **nicht** zu empfehlen, da die Kinder dann meist mit entblößtem Leib anzutreffen sind.

Das Bett.

Als einfachstes Bett kann ein ganz einfacher, am besten eckiger Wäschekorb dienen, den man mit hellem Stoff ausschlägt. An Stelle der Matratze nehme man dann eine dicke, mehrfach zusammengelegte Decke; diese hat noch den Vorteil, daß man sie morgens ordentlich auslüften und nach Bedarf reinigen kann. Eine einfache und praktische Bettunterlage ist auch ein Überzug mit Holzwollfüllung. Holzwolle ist billig und leicht zu reinigen. Durch Waschen in Sodawasser und Trocknen in der Luft wird sie immer noch lockerer und besser. Vor Durchnässung sind die Bettunterlagen durch Überziehen mit wasserdichtem Stoff zu schützen. Am besten sind natürlich die in zweckmäßig eingerichteten Säuglingsabteilungen üblichen gut zu reinigenden und allen hygienischen Anforderungen entsprechenden eisernen Bettstellen. Zu bedenken wäre nur, daß vielfach das Kind zu frei liegt und oft nicht genügend gegen Zugluft geschützt ist. Praktisch sind abknöpfbare, aus waschbarem weißem Stoff bestehende, ringsherum laufende Wände. Sonst hängen Sie auf den Bettrand, besonders am Kopfende, Tücher, und überspannen Sie beim Lüften des Zimmers den Kopf lose mit einer Windel. Zum Zudecken sind Federbetten ungeeignet, da das Kind darunter zu leicht schwitzt und dadurch für Erkältung empfänglich wird. Ebensowenig sind sie als Unterlage geeignet, auch gilt von ihnen das bei der Besprechung der Reinigung und Desinfektion des Steckbettes Gesagte. Der sogenannte „Armeleutegeruch" entsteht nicht zum mindesten durch Schimmelpilze, die sich in den feuchten Bettfedern ansiedeln. Neuerdings ist zum Ersatz der Federn eine sehr weiche und billige Holzwolle empfohlen worden, die man beliebig oft wechseln kann. Kopfkissen sind für junge Kinder nicht nötig. Da manche Säuglinge einen sehr weichen Hinterkopf haben, und infolgedessen durch stetes Liegen in e i n e r Lage eine Gestaltveränderung des weichen kindlichen Schädels zustande kommen kann, empfiehlt sich eine oftmalige Änderung der Lage des Kindes.

Um das Verrutschen der Bettdecke zu verhindern, gibt es folgendes praktische Mittel: Man nähe an die oberen Ecken der Bettdecke Bänder, am besten mit einem Gummizwischenstück, und befestige diese an entsprechenden Stellen der Seitenwände.

Durch ein über das Bett gespanntes Netz aus Gaze kann der Säugling vor der Belästigung durch Fliegen geschützt werden. Doch soll das Netz ziemlich weit weg vom Kinde liegen, um den Luftaustausch nicht zu hindern.

Da erfahrungsgemäß eine schaukelnde Bewegung unruhige Säuglinge manchmal zur Ruhe bringt, so haben manche Bettvorrichtungen eine Form angenommen, die das Wiegen und Schaukeln des Kindes gestattet. Die Wiege ist über die ganze Erde verbreitet, und nur bei wenigen Völkerschaften ist sie unbekannt. Welche Bedeutung das Wiegen oder Schaukeln für das Kind hat, läßt sich nicht klar ausdrücken. Obwohl nicht bewiesen ist, daß diese Maßregel den Kindern schadet, ist sie doch im allgemeinen nicht nötig, und das Bett soll deshalb feststehen.

D e r K i n d e r w a g e n soll nicht mit Gummistoff ausgeschlagen sein, weil dadurch die Luftzirkulation verhindert würde. Nur wenn er genügend ausgelüftet wird, kann er auch als Bett benützt werden.

Das Kind soll nie ins g r e l l e Licht sehen, nicht im Zimmer und erst recht nicht im Freien; doch soll das Zimmer stets reichlich Licht haben und nicht verdunkelt werden.

Das Zimmer.

Schlechte Wohnungsverhältnisse beeinflussen die Säuglingssterblichkeit in unheilvollster Weise — besonders im heißen Sommer.

Ungeeignet für den Säugling sind Wohnungen, welche feucht, schlecht belichtet, ungenügend lüftbar und mangelhaft eingerichtet sind (Fehlen von Jalousien, keine Vorrichtungen zum Kühlhalten der Milch, Mangel an Nebenräumen zum Waschen und Spülen).

Das Zimmer sei so groß und hell wie möglich und möglichst nach der Sonnenseite gelegen (Südost, Süd, Südwest). (Bakterien sind ein lichtscheues Gesindel; sie werden vom Licht in der Entwicklung gestört.) Man kann vor das Bettchen des lichtempfindlichen Neugeborenen eine Schutzwand stellen, die auch beim Baden zur Verhinderung von Zugluft gute Dienste leistet. Auch auf ruhige Lage ist zu achten, damit der erquickende Schlaf nicht gestört und nicht schon im zartesten Alter der Grund für spätere Nervosität gelegt werde. In dem Zimmer, in dem der Säugling liegt, darf nicht gekocht, nicht gewaschen, getrocknet und gebügelt werden. Denn durch Kochen und Waschen wird die Luft feucht (schwül), was für den Säugling gefährlich ist. Deshalb dürfen sich auch in dem Zimmer des Säuglings nicht viele Menschen aufhalten, besonders aber nicht schlafen.

Alle Stoffe, die mit der Säuglingspflege in Beziehung stehen (Wandschirmbezüge usw.), seien aus waschbarem Material. Staubfänger, wie dicke Vorhänge oder Teppiche, seien verpönt. Der Boden sei womöglich mit Linoleum belegt; es hat keine Spalten, ist gut zu reinigen und hält die Wärme zurück. Auch eine Matte kann diesem Zweck genügen. Die mittlere Temperatur des Wohnzimmers für den Säugling beträgt 19° C, für Neugeborene 20° C bis 22° C, die des Schlafzimmers 15° C. Für Neugeborene und junge Säuglinge soll das Schlafzimmer ebenso warm wie tags sein.

Die täglich mehrmals vorzunehmende l a n g b a u e r n d e L ü f t u n g des Zimmers kann nicht dringend genug empfohlen werden und wird mittels der sogenannten Kippfenster oder durch die natürliche Fensterlüftung erfolgen; die letztere kann auf dreierlei Weise vorgenommen werden: durch Öffnen der Fenster im Zimmer, durch Öffnen der Fenster in einem Nebenzimmer bei geöffneter Durchgangstür und starke Auslüftung eines Nebenzimmers vor Öffnen der Durchgangstür. Diese wird erst nach Schließen der Fenster im Nebenzimmer geöffnet. Bei der Lüftung darf das Kind nicht direkt dem Zug ausgesetzt werden. Schlechte Luft läßt sich nicht durch künstliche Wohlgerüche, sondern nur durch reichliche Zufuhr frischer Luft verbessern. Stark duftende Blumen sind dem Kinderzimmer fernzuhalten. Das Zimmer ist stets feucht aufzuwischen, niemals trocken zu kehren.

Ein **Wickeltisch** ist ein für das Privathaus sehr wichtiges Möbelstück; im Krankensaal soll nur im Bett gewickelt werden. Doch wird auch hier ein Wickeltisch dem Arzte für die genaue Besichtigung des Kindes zum Zwecke der ärztlichen Untersuchung gute Dienste leisten. Beim Aufrichten zerre man das Kind nicht an den Ärmchen hoch, sondern unterstütze mit der ganzen Hand Nacken und Hinterkopf.

Beginnt die Zeit des Umhertriechens, so ist ein „**Ställchen**" (Gehbarriere) empfehlenswert. Darin lernt das Kleine allmählich sich aufzurichten und ist auch vor unberufener Bekanntschaft mit dem Ofen und sonstigen gefährlichen Gegenständen geschützt. Der Boden des Ställchens wird mit weichem, durchaus sauberem (waschbarem) Stoff zur Verhütung der sogenannten „Schmierinfektion", der Ansteckung mit bazillenhaltigem Bodenstaub, bedeckt. (Siehe Tuberkulose S. 51.) Dadurch, daß Sie das Kind im Ställchen halten, benehmen Sie ihm die Möglichkeit, sich überall hinzubewegen, wohin es will, und erziehen es so auch zur Selbstbeherrschung.

Indem sich das Kind im Ställchen von selbst aufrichtet oder auch am Kleide der Mutter, macht es die ersten Gehversuche. Das ist das zweckmäßigste, was geschehen kann; denn würde man es zu zeitig zum Gehen zwingen, so könnten krumme Beine die Folge sein. Gängelband und Laufstuhl sind verboten.

Ein **Spielstühlchen** wird erst beschafft, wenn das Kind längere Zeit allein sitzen kann; denn in ihm soll das Sitzen **nicht erst gelernt werden**, sonst kann eine Verbiegung der Wirbelsäule die Folge sein. Auch dehne man die „Sitzung" nicht zu lange aus. Ferner soll das Sitzbrett kein Loch haben zur Erledigung der kindlichen Bedürfnisse, weil dadurch die Erziehung zur Sauberkeit erschwert wird.

Mit einer sachgemäßen Pflege im Hause, wie sie in den vorhergehenden Abschnitten beschrieben ist, muß sich eine zweckmäßige Pflege im Freien verbinden; denn ein wichtiges natürliches Moment zur Gesunderhaltung der Säuglinge ist der reiche Genuß der frischen Luft. Keine Medizin, keine noch so sorgsame Pflege kann erreichen, was der Aufenthalt im Freien, in frischer Luft zu erzielen imstande ist. Je mehr man dem Kinde davon verschaffen, je länger es sich im Freien aufhalten kann, desto größer und überraschender sind die Erfolge. Schon von der 4. bis 6. Woche an soll der Säugling an die frische Luft gewöhnt werden. Im Winter kann man etwas länger damit warten. Im Sommer sollen die Kinder nicht nur mit heruntergeschlagenem Verdeck spazieren gefahren werden, sondern fast den ganzen Tag im Freien stehen. Dies ermöglichen besonders Balkon und Veranda. Man benütze im Mai die stille und rauchfreie Luft der frühen Morgenstunden. Im Hochsommer kann man die Säuglinge gar nicht früh genug ins Freie bringen. Im Winter kommt es weniger auf Temperatur als auf den Wind an. Bei Sonnenschein und Windstille kann man die Kinder bei Temperatur bis zu 4° Kälte herunterbringen, bei kaltem, scharfen Wind können schon 4° Wärme zu kalt sein. Bei fraglichem Wetter ist 2mal tägliches Herausfahren durch $1/4$ bis $1/2$ Stunde ratsam. Ist das Herausbringen gar nicht möglich, kann man auch im Hause für Luftgewinnung dadurch sorgen, so im Winter oder in schwierigen Übergangszeiten, daß man das Kind mehrmals täglich eine Stunde lang in ein vorher durch einen einstündigen Durchzug gelüftetes und angeheiztes Zimmer bringt, nachdem das Fenster erst $1/4$ Stunde und allmählich immer kürzer vorher geschlossen worden ist. Während dieser Zeit wird das erste Zimmer ebenso ausgelüftet. Den Wechsel des Zimmers soll man 2—3mal am Tage vollziehen.

Durch zweckmäßige Kleidung, Bettung, Wahl des geeigneten Zimmers wird dem Wärmebedürfnis des normalen Säuglings genügt. Bei frühgeborenen Kindern — auch bei kranken Kindern — sind besondere Erfordernisse zur genügenden Erwärmung nötig — allerdings keine komplizierten Apparate (sog. Conveusen), wie Sie solche in manchen Anstalten finden werden; durch Anwendung von Wärmkrügen, Einpackung in Watte läßt sich die Warmhaltung auch kleiner Frühgeburten erreichen.

Abhärtung.

Die Regeln, die in den vorhergehenden Abschnitten über Ernährung und Pflege im Haus und im Freien, wie über die Kleidung gegeben sind, sind geeignet, das Kind widerstandsfähig zu machen gegen häufig wiederkehrende infektiöse Erkrankungen der Atmungsorgane und stellen somit das dar, was im Sprachgebrauch als Abhärtung bezeichnet wird. Es sei an dieser Stelle nur nochmals ausdrücklich betont, daß Kaltwasserkuren im allgemeinen keine zweckmäßige Abhärtung darstellen. (Es sei auf das beim Bad des Kindes Gesagte verwiesen.) Hingegen ist die Sonnenkur auch schon im Säuglingsalter geeignet, zur Abhärtung des Kindes beizutragen. Sie ist auch bei gewissen Erkrankungen ein Heilmittel, das auf Verordnung des

Arztes angewandt wird. Mutter und Pflegerin sollen über die Durchführung der Sonnenkur Bescheid wissen, deswegen sei sie hier angegeben[1]).

Der Säugling soll zunächst vom 3. Monat an gewöhnt werden, nackt zu strampeln, möglichst in der Sonne und zwar, abgesehen vom Sommer, bei geschlossenem Fenster. Das Kind wird zugedeckt, bevor die Haut kühl wird, also anfangs nach 5—10 Minuten. Allmählich wird unter Beobachtung der Hauttemperatur des Kindes immer mehr vom Rumpf durch Hinaufschlagen der Oberkleidung entblößt. Durch Seiten= oder Bauchlage wird die Besonnung vom 4. Monat an auf die Rückenhaut ausgedehnt. Im Wärmebedürfnis des Kindes finden wir den einzigen Maßstab für die Länge der Zeit, die die Besonnung dauern soll und für den Zeitpunkt, in dem man überhaupt damit beginnen darf. Stets muß die Haut des Kindes am ganzen Körper warm bleiben. Jede Spur von Auskühlung zeigt an, daß die Zeit überschritten ist.

Die Erziehung des Säuglings.

Ist es denn überhaupt möglich, Säuglinge zu erziehen? Ganz gewiß, man muß es sogar tun, und zwar vom ersten Lebenstage an.

Im allgemeinen wird der erzieherische Einfluß, den man auf ein Kind bereits im ersten Lebensjahre ausüben kann, unterschätzt. Die Folge davon ist, daß in dieser Hinsicht entweder zu wenig oder zu viel mit den Kindern vorgenommen wird.

Die erste, wichtigste Erziehungsmaßregel sei die Gewöhnung an eine Zeitordnung. Das erreichen Sie durch die Art der Ernährung, durch die regelmäßigen Nahrungspausen. Die Innehaltung der Pausen ist wichtig für den normalen Ablauf des Ernährungsvorganges, aber ebensowenig zu unterschätzen ist sie als Erziehung zur Beherrschung des Willens. Und dadurch, daß Sie die Nahrungsmengen so berechnen, daß jede Überernährung ausgeschlossen ist, erziehen Sie die Kinder schon im ersten Jahre zur Mäßigkeit.

Im übrigen überlassen Sie den Säugling sich selbst, und hüten Sie sich davor, durch immer neue Reize seine Ansprüche zu steigern. Bedenken Sie das bei der Auswahl von Spielsachen! Selbstverständlich

---

[1]) Ich folge dabei den von Göppert und Langstein gegebenen Ausführungen. F. Göppert und L. Langstein „Prophylaxe und Therapie der Kinderkrankheiten". (Verlag Julius Springer, Berlin 1920.)

muß auch an die gesundheitliche Seite bei der Auswahl der Spielsachen gedacht werden, da Kinder alles, was man ihnen in die Händchen gibt, in den Mund stecken. Es seien also färbende, sowie spitze, eckige und wollige Spielsachen verboten. Am meisten zu empfehlen sind abwaschbare Spielsachen, wie solche aus Zelluloid und Gummipuppen, da das an den Gummipuppen befindliche Pfeifchen leicht verschluckt werden kann, sollte es von vornherein entfernt werden.

Wenn Sie das Kind oft auf den Arm nehmen, schaukeln oder ihm, wenn es schreit, einen Schnuller geben, wird es schnell die Annehmlichkeit dieser Dinge empfinden und immer wieder so lange schreien, bis seine diesbezüglichen Wünsche erfüllt sind. **Doch wäre es verfehlt, die schaukelnde Bewegung bzw. den Schnuller grundsätzlich aus der Säuglingspflege zu verbannen.** Ruhige Kinder allerdings bedürfen keines Beruhigungsmittels; aber für die **unruhigen** sind solche nicht verboten, da stundenlanges Schreien für das Gedeihen des Kindes absolut nicht gleichgültig ist. Durch dauernde Unruhe können die Verdauungsvorgänge gestört werden, der Gewichtsansatz kann leiden, Brüche, Leistenbrüche, Nabelbrüche können durch die Bruchpforte treten oder sich vergrößern. Bei sehr unruhigen Kindern dürfen Sie daher den Schnuller oder Lutscher ruhig gestatten, unter der Voraussetzung allerdings, daß er immer tadellos sauber und aus einem Stoff ist, der sich nicht zersetzen kann. Die mit Löchern versehenen Saugpfropfen, gefüllt mit Zucker, Brot, Papier und dergleichen, verschlossen mit einem Korkpfropfen, sind strengstens untersagt. Der saubere Schnuller ist ein harmloses Beruhigungsmittel, viel harmloser als die Ablenkung des Kindes durch andere Reize, durch Gehörs- oder Gesichtseindrücke. Der Gebrauch des Schnullers ist bei Unachtsamkeit nicht gänzlich gefahrlos: er kann vom Kinde zu weit eingesogen werden, zu tief in den Rachen gelangen, wodurch die Gefahr der Erstickung gegeben ist. Sie müssen daher recht vorsichtig sein und werden gut tun, entweder einen Schnuller anzuwenden, der mit einem hörnernen Abgrenzungsring versehen ist, oder das Innere des Schnullers mit dem sauberen Zipfel eines Tuches fest auszustopfen und dieses am Bettgitter zu befestigen.

Die Erziehung zur Stubenreinheit kann schon vom 4.—5. Monat ab geschehen. Das Kleine wird bald merken, daß es aus der unbequemen Lage des „Abhaltens" sofort befreit wird, wenn es sein Bedürfnis erledigt hat und wird sich danach richten.

Auch mit der Erziehung zur Folgsamkeit, zu einem „artigen Kinde" kann man bei älteren Säuglingen beginnen. Man tue ihnen stets nur dann ihren Willen (Spielsachen reichen usw.), wenn sie ihn in geziemender Form zu verstehen geben, verweigere ihn aber grundsätzlich, wenn sie glauben, ihn durch Eigensinn, Murren oder Schreien durchsetzen zu können. Auch ein energisches Wort zur rechten Zeit ist oft von guter Wirkung und macht körperliche Strafen überflüssig. **Körperliche Strafen bei einem Säugling sind eine Rohheit.**

Zu warnen ist davor, sich zu viel mit einem Säugling zu beschäftigen und ihm „Kunststückchen" beibringen zu wollen. Die frühzeitige Entwicklung des zarten Gehirnes ist vom Übel, und ein frühreifes und altkluges Kind zu haben, rächt sich oft im späteren Leben. Man lasse den Kindern möglichst viel Freiheit und nörgle nicht an Kleinigkeiten. Wenn man aber eingreift, so sei der vornehmste Grundsatz: Gerechtigkeit. Beherrschen Sie Ihre Launenhaftigkeit und den Jähzorn; das Kind muß stets herausfühlen, daß die Befehle und Strafen notwendig und zu seinem Besten sind.

Krankheitsverhütung.

Die sachgemäße Durchführung der Ernährung, Pflege und Erziehung des Säuglings, wie sie in vorhergehendem gegeben ist, ist das beste Mittel, um Krankheiten zu verhüten, doch müssen Sie immerhin wissen, von welcher Seite die größten Gefahren den Säugling bedrohen, um auch noch im speziellen die zweckmäßigen Abwehrmaßnahmen gegen die Erkrankungen treffen zu können.

Im allgemeinen ist das Säuglingsalter von zwei Seiten gefährdet, durch Störungen des Ernährungsvorganges — es handelt sich um die sogenannten Verdauungsstörungen — und von den sogenannten Infektionskrankheiten, auch Kinderkrankheiten genannt, unter die aber nicht lediglich Masern, Keuchhusten, Scharlach, Diphtherie und Windpocken zu rechnen sind, sondern auch die von Ihnen vielleicht gar nicht besonders gefährlich gewerteten Erkrankungen der Atmungsorgane, die gewöhnlichen Entzündungen der Nasenschleimhaut oder der Rachenschleimhaut, die sich in Schnupfen und Husten äußern, die aber beim Säugling sehr schnell zur Lungenentzündung führen können. Von chronischen Erkrankungen sind es vor allem die Tuberkulose und die Rachitis (die sogenannte englische Krankheit).

Beginnen wir mit der Bekämpfung und der Verhütung der Darmerkrankungen. Diese zeigen sich in einer Veränderung der Stühle, die anstelle ihres normalen Charakters wässeriger werden, zerhackert aussehen, ihre Farbe verändern, faulig oder säuerlich zu riechen beginnen, Schleim, ja selbst Eiter und Blut enthalten können. Nicht mehr 2—3 Stühle werden täglich entleert wie normalerweise, sondern 4, 5 und noch mehr. Unter Umständen gehen sie spritzend ab. Dabei verändert sich die Stimmung des Kindes, es wird mißmutig, die Haut wird schlaffer, der Leib wird aufgetrieben, es kommt zu Temperatursteigerungen, manchmal auch zur Untertemperatur. Oft sehen Sie auf der Schleimhaut des Mundes (Zungen- und Wangenschleimhaut) weißliche Auflagerungen, die aus ganz dichten Pilzen bestehen, dem Soor (den im Volksmunde sogenannten Schwämmchen). Das Auftreten von Soor ist fast immer ein Zeichen, daß eine Verdauungskrankheit besteht, ja es geht dem Durchfall oft tage- oder wochenlang voraus. Ist Durchfall vorhanden, dann können sich in kürzester Zeit die schwersten Erscheinungen anschließen, ja der Tod kann unmittelbar eintreten. Wird das Kind nicht sofort sachgemäßer Behandlung unterworfen, können sich in kürzester Zeit die schwersten Erscheinungen anschließen. Das Fieber steigt, häufiges Erbrechen erfolgt, die Stühle werden zahlreicher, dünner, wässeriger, manchmal spritzend, schaumig, Hände und Füße ebenso die Nase erkalten, die Augen versinken tief in ihren Höhlen, Wangen und Lippen verfärben sich, werden bläulich. Das Kind wird teilnahmslos, ja sogar bewußtlos. Ab und zu erschüttern Krämpfe den kleinen Körper und in kurzer Zeit kann das junge Leben für immer erloschen sein. Das beste Mittel zur Verhütung der Darmerkrankungen ist die genaue Befolgung der Ernährungsvorschriften, wie sie im Abschnitt über Ernährung gegeben sind. Der beste Schutz ist die natürliche Ernährung, bei der künstlichen Ernährung ist sowohl ein zuviel als ein zuwenig bedrohlich. Besonders gefährdet werden die Kinder durch Überernährung mit Milch, aber auch durch den längeren Gebrauch eines Kindermehles ohne Milchzusatz. Glauben Sie nicht den falschen Anpreisungen in den Zeitungen oder auf den Gebrauchsanweisungen, die von der besonderen Bekömmlichkeit gewisser Nährpräparate und Kindermehle sprechen, ja sich nicht scheuen, sich als Muttermilchersatz anzupreisen. Das ist glatter Schwindel! Denken Sie an das, was in diesem Büchlein über Muttermilch und ihre Unersetzlichkeit gesagt ist.

Ganz besonders bedroht von Verdauungskrankheiten sind die Säuglinge im heißen Sommer. Die Überhitzung des Säuglings, wie sie in schlechtgelüfteten Räumen, bei falscher Kleidung und Bedeckung des Kindes vor sich geht, die Fütterung mit durch die Hitze schlechtgewordener Nahrung, die Verburstung des Kindes, die nicht durch Wasserdarreichung verhütet wird, kann in kürzester Zeit bei einem leidlich gesunden Kinde zu einem tödlich endigenden Brechdurchfall führen. Deswegen ist es wichtig, den Säugling in der heißen Zeit besonders zu betreuen und ihn vor der Erkrankung am Brechdurchfall zu bewahren. Damit verhüten Sie die in manchen Bezirken unseres Vaterlandes noch immer erschreckend hohe Sommersterblichkeit. Prägen Sie sich deshalb die Ratschläge für die heißen Monate besonders ein. Sie werden die Gefahren des heißen Sommers nur vermeiden, wenn Sie dafür sorgen, daß

1. die Säuglinge zweckmäßig ernährt werden;
2. durch richtige Pflege, insbesondere Bekleidung, ihre Überhitzung (Wärmestauung), vermieden wird;
3. die Wohnung möglichst kühl gehalten wird.

Ernährung in der heißen Zeit. An der Brust genährte Kinder sind von Erkrankungen im heißen Sommer ziemlich geschützt. Muttermilch verdirbt nicht; daher dürfen die Kinder nie im Sommer abgesetzt werden.

Da Tiermilch durch die Hitze leicht verdirbt, und der Genuß verdorbener Milch die Säuglinge krank machen kann, muß die Milch in der heißen Zeit besonders gut behütet werden, damit sie sich nicht zersetzt. Ist Eis vorhanden, muß die Milch auf Eis oder in den stets gut verschlossenen Eisschrank gestellt werden. Im Eisschrank soll höchstens eine Temperatur von 12 Grad sein; die Milch soll erst hineingestellt werden, nachdem sie in fließendem Wasser gekühlt ist.

Wer keinen Eisschrank hat, kann sich selbst mit ganz geringen Kosten einen solchen herstellen. Man holt vom Kaufmann eine Holzkiste, bestreut den Boden mit Sägespänen, setzt zwei Eimer von verschiedener Größe ineinander hinein und füllt bis zum oberen Rande des größeren Eimers mit Sägespänen nach. In den kleineren Eimer werden die Flaschen mit Nahrung, umgeben von einigen Eisstückchen, gesetzt und mit dem Deckel des Eimers zugedeckt. Der Deckel der Kiste wird mit einer Lage Zeitungspapier beklebt.

Ist Eis nicht vorhanden, müssen die Flaschen in kaltes, sauberes Wasser gestellt werden, das recht oft gewechselt wird. Stets muß die Milch gut bedeckt gehalten werden, damit Staub und Fliegen sie nicht verunreinigen.

Milch, die noch vom Morgen des vorhergehenden Tages steht, darf nicht verwandt werden, wenn sie nicht auf Eis aufbewahrt wurde. Man gebe dann lieber etwas Tee ohne Milch, bis frische Milch zu haben ist.

An heißen, schwülen Sommertagen soll weniger Nahrung gegeben werden als sonst. Jede einzelne Mahlzeit kann um ein Viertel vermindert werden. Bekommt der Säugling z. B. 5×200 g Halbmilch, so gibt man ihm, wenn es sehr warm wird, nur 5×150 g Halbmilch. Auch darf nicht mehr Zucker in jede Flasche gegeben werden, als der Arzt verordnet hat, denn künstliche Nahrung wirkt in der heißen Zeit oft giftig.

Der Säugling hat in der heißen Zeit Durst. Damit er nicht erkrankt, muß der Durst gestillt werden. Das geschieht durch Verabreichung von abgekochtem, kühlem Wasser oder dünnem Tee in den Nahrungspausen, besonders wenn die Kinder anfangen unruhig zu werden. Auch kann man nach jeder einzelnen Mahlzeit ein paar Löffel Wasser geben (sowohl bei den Brustkindern, als auch bei den künstlich genährten Kindern).

Pflege in der heißen Zeit. Durch zweckmäßige Pflege des Säuglings muß die Gefahr der Überwärmung vermieden werden. Richtige Bettung und Kleidung sind besonders wichtig. Weg mit den Federbetten, weg mit Watte und Steckbett. Muß durchaus eine Gummiunterlage genommen werden, sei sie so klein als möglich. Das Kindchen soll an heißen Tagen fast nackt im Bettchen oder Korb strampeln; eine leichte dünne Decke genügt zum Zudecken.

An heißen Tagen muß man das Kind ein bis zweimal täglich baden oder öfter mit kühlem Wasser waschen.

Wahl des Wohnraumes in der heißen Zeit. Das beste und kühlste, häufig gelüftete Zimmer Eurer Wohnung ist für Euer Kind das geeignetste. Dieses Zimmer könnt Ihr noch kühler machen, wenn Ihr die Fensterscheiben häufig mit möglichst kühlem Wasser besprengt!

Ihr dürft das Kind nicht in der heißen feuchten Küche stehen haben!

Hat Eure Wohnung kein kühles, schattiges Plätzchen, so versucht im Hause ein solches ausfindig zu machen, dort stellt Euer Kind hin.

Könnt Ihr auch im Hause kein solches Plätzchen finden, so bringt das Kind möglichst viel an einen schattigen, nicht schwülen Ort im Freien, auch da darf es bloß liegen.

Geringe Zugluft schadet Eurem Kinde im Sommer nichts!

Die Versorgung kranker Säuglinge in der heißen Zeit. Jede, auch die anscheinend leichteste Krankheit, kann in der heißen Zeit binnen wenigen Stunden einen tödlichen Ausgang nehmen und muß daher rechtzeitig vom Arzte behandelt werden. Keine Krankheit darf bis zu den heißen Tagen anstehen, mag es sich nun um einen geringfügig erscheinenden Durchfall oder Verstopfung, um einen Schnupfen, um Geschwüre auf der Haut handeln.

Jedes kleinste Krankheitszeichen, das in heißen Tagen eintritt, erfordert Beachtung und Behandlung. Nicht erst, wenn der Brechdurchfall da ist, soll der Arzt in Anspruch genommen werden; denn dann ist es häufig zu spät, sondern schon, wenn das Kind unruhig ist, wenn es blaß wird, auch wenn es dabei verstopft sein sollte, muß es zum Arzt, in die Säuglingsfürsorgestelle oder ins Spital gebracht werden. Tritt Durchfall ein, dann sind sofort Milch und sonstige Nahrung wegzulassen, das Kind darf nur Tee (Fenchel-, Lindenblüten-, Pfefferminz-, einfachen Tee) und Wasser bekommen, ist möglichst leicht zu bekleiden und sofort zum Arzt zu bringen.

Der Mutter, die in der heißen Zeit so oft als möglich die Säuglingsfürsorgestelle oder ihren Arzt aufsucht, wird es am sichersten gelingen, ihr Kind gesund zu erhalten.

Nicht nur zur Verhütung der Sommerbrechdurchfälle, sondern auch zu der Verhütung der infektiösen Erkrankungen können Sie sehr viel leisten. Je mehr das Kind vor der Umgebung geschützt werden kann, die Keime an dasselbe heranbringt, um so leichter ist die Aufgabe. Sie wird um so schwieriger, je weniger die Möglichkeit besteht, die Pflege nur einem Kinde zuzuwenden, je mehr Berührungsmöglichkeiten mit anderen Personen vorhanden sind. Infolgedessen sind die Anforderungen, die zur Verhütung von Infektionen an die Einzelpflege einerseits, an die Massenpflege in Anstalten andererseits gestellt werden, verschiedenartig. Für die Mutter, die ihre Kinder im Hause pflegt, und für die Säuglingspflegerin, die in der Anstalt viele Kinder zu besorgen hat, gelten verschiedenartige Anweisungen und Gesetze.

Im allgemeinen gruppieren sich alle Forderungen um die bereits oben besprochenen, um die Sauberkeit der Pflegenden, die Sauberkeit des Kindes und die Sauberkeit in der Umgebung des Kindes. Der Begriff der Sauberkeit, der Reinlichkeit muß denen, die Säuglinge pflegen, so in Fleisch und Blut übergehen, daß sie gar nicht anders können.

Es gelten die beiden Hauptgebote:

1. **Berühren Sie niemals zwei Kinder nacheinander, ohne sich zwischendurch gründlich die Hände gereinigt zu haben.** Mit andern Worten: Vor der Berührung eines jeden Kindes muß ganz mechanisch Ihr Schritt sich mit automatischer Sicherheit dem Waschbecken zuwenden.

2. **Jeder Gebrauchsgegenstand, der irgendwie, sei es direkt oder indirekt, mit einem Kinde in Berührung gekommen ist, darf nur noch für dieses Kind benutzt werden, andernfalls wird er vor weiterem Gebrauch gründlich desinfiziert**[1]).

Dies sind die goldenen Regeln der Säuglingspflege in Anstalten; sie bilden den Kernpunkt

Die Hände der Pflegerin sind es, die in erster Linie die so gefürchteten, oft todbringenden Epidemien in den Sälen hervorrufen. Wenn einmal das Waschen nach dem Anfassen eines darmkranken Kindes vergessen wurde, so ist das Unglück geschehen. Das Nebenkind

---

[1]) Desinfizieren heißt, von Ansteckungskeimen befreien, die anhaftenden Bakterien vernichten.

Bakterien werden getötet erstens durch Feuer, zweitens durch kochendes Wasser, drittens durch strömenden Wasserdampf (von 100° C), wenn er mindestens $1/4$ Stunde einwirkt, viertens durch gewisse Chemikalien (sog. Desinfektionsmittel), deren es feste, flüssige, pulverförmige und gasförmige gibt. Von allen vier Methoden machen wir Gebrauch, wenn wir Gegenstände desinfizieren wollen.

Die erste (**Verbrennen**) ist die radikalste, doch kommen im allgemeinen nur Sachen in Betracht, die keinen großen Wert haben.

Die zweitwirksamste Art ist die **Desinfektion durch Auskochen oder strömenden Dampf**. Von ihr wird der ausgiebigste Gebrauch gemacht. Man wendet sie überall da an, wo dieses Vorgehen vertragen wird, vor allem bei Instrumenten, Verbandstoffen, Kleidung und Wäsche.

Die **Desinfektionsmittel** endlich kommen zur Anwendung in den Fällen, wo man die betreffenden Gegenstände weder ins Feuer werfen noch einer Temperatur von 100° aussetzen kann. Dahin gehören: der menschliche Körper, speziell die Hände, dann Thermometer, feinere Apparate, die Kautschuk-, Gummi- und Lederwaren, Bettstellen, Fußböden. Für ganze Zimmer ist die Desinfektion durch Formalindämpfe die gebräuchlichste.

Ist ein Gegenstand von lebenden Keimen befreit, so nennt man ihn keimfrei oder „steril". Durch Kochen wird eine zuverlässigere Keimfreiheit erzielt als durch Desinfektionsmittel, da letztere oft in enge Spalten und unter Schmutz und Fetteilchen nicht genügend hingelangen. Es ist deshalb in jedem Falle eine mechanische Reinigung durch Abwaschen und Abbürsten vorauszuschicken. Die Sterilität hört auf, wenn die sterilen Sachen eine Zeitlang der Luft mit ihren Bakterien ausgesetzt waren, oder wenn sie mit Nichtsterilisiertem in Berührung gekommen sind.

erkrankt, und all die schönen Erfolge, die man bisher erzielt hatte, die Gewichtszunahme, über die Arzt und Schwester sich freuten, alles war umsonst; es geht bergab, und Wochen sind dann nötig, um den Schaden wieder gut zu machen. Man konnte freilich nichts von Schmutz an den freulerischen Händen sehen, sie hatten ja nur die Bettdecke des ersten Kranken zurückgezogen. Doch gerade an dieser Stelle saß der unsichtbare Feind und lauerte auf die Gelegenheit, auf einen törichten Finger, um von dort auf ein gesundes, ahnungsloses Kind zu gelangen.

Wie reinige ich die Hände nach der Berührung eines Kindes? Die Hauptsache ist und bleibt das gründliche Waschen und Bürsten mit Seife. Glauben Sie nicht, daß das einfache Abspülen in desinfizierender Lösung genügte; das nützt gar nichts. Freilich ist in allen Fällen, wo auch nur die **Möglichkeit** einer Ansteckung vorliegt, die wirkliche Desinfektion durch Bürsten und Anwendung eines Antiseptikums nach chirurgischen Regeln geboten, doch **bleibt die vorausgehende Seifenwaschung stets das Wichtigste.** Letztere, die mitunter alle paar Minuten erfolgen kann — so oft Sie nämlich ein Kind anfassen —, braucht nicht gerade jedesmal mit einer Bürste, besonders wenn sie recht hart ist, zu erfolgen; dann würden Ihre Hände, zumal im Winter, zu leicht wund und empfindlich werden und erfahrungsgemäß um so schlechter einer Reinigung zugänglich sein. Vergessen Sie nicht das Kurzhalten und Reinigen der Nägel, unter denen ein Tummelplatz aller Arten von Bakterien ist; **der Nagelreiniger hänge neben jeder Waschgelegenheit.** Das Waschen mit gut schäumender Seife hat bei aufgeschlagenen Ärmeln bis zum Ellbogen zu geschehen. Für die Pflege Ihrer Hände sorgen Sie durch regelmäßiges Einfetten!

Die zweithäufigste Übertragungsform ist die durch Gebrauchsgegenstände, als da sind: Badewanne, Badetuch, Bade- und Fieberthermometer, Waschlappen, Waschschüssel, Seife, Mund- und Salbenspatel, Puderbüchse, Sauger, Arzneilöffel, Spielsachen usw.

Je mehr von diesen täglich gebrauchten Gegenständen jeder Säugling allein für seinen Gebrauch hat (sogar eine Badewanne ist auf manchen Abteilungen für jedes Kind vorgesehen), desto größer ist der Schutz vor Krankheitsübertragung. Sie sollten alle numeriert sein und säuberlich neben jedem Bettchen stehen. Wenn die Forderung aufgestellt wird, daß beispielsweise jedes Kind seine eigene Puderbüchse haben soll, so wird manche von Ihnen das anfangs für übertrieben halten, „da ja die Büchse gar nicht mit dem Kind selbst in Berührung komme". Überlegen

Sie sich einmal den Vorgang. Die Puderdose wird fast ausschließlich mit verunreinigten Händen angefaßt, da sie während des Trockenlegens selbst gebraucht wird. Überträgt nun die Pflegerin mit ihren Fingern die Infektionskeime des kranken Kindes, das gerade besorgt wird, an die Büchse, so kann sie sich nachher noch so sehr die Hände reinigen: beim Pudern des nächsten Säuglings überträgt sie die an besagter Büchse klebenden Bakterien des vorigen auf ihre Haut und später auf das gesunde Kind. Das ist ein Beispiel für viele. Alle Gegenstände, die nicht für j e d e s Kind angeschafft werden können, wie z. B. Nagelschere, werden nach jedem Gebrauch gründlich gereinigt.

Jeder Säugling wird im eigenen Bett gewickelt und getrocknet; für diesen Zweck ist eine Wickelkommode im Krankensaal nicht zu empfehlen.

Wo nicht für jedes Kind eine besondere Wanne zur Verfügung steht, ist sie nach jedesmaliger Benutzung mit Seife und dem dazu bestimmten Desinfektionsmittel gründlich zu reinigen. Gerade durch das Bad werden so leicht Krankheitskeime übertragen. Bei ansteckenden Krankheiten (z. B. Syphilis) hat natürlich das betreffende Kind eine für dieses bestimmte Wanne.

Kranke Kinder werden stets zuletzt besorgt, damit sie den gesunden nicht mehr gefährlich werden.

Die Wage ist bei jedem Wägen mit einem neuen Tuche zu bedecken, der Wasserleitungshahn häufig des Tags mit der Desinfektionsflüssigkeit abzuwaschen.

Fassen Sie ferner nie die Türklinke mit einer Hand an, die nicht gerade gewaschen ist. Müssen Sie beispielsweise den Windeleimer heraustragen, so öffnen Sie den Drücker mit dem Ellbogen. Ist es, abgesehen von der Infektion mit Bakterien, nicht unappetitlich, eine mit einer Stuhlwindelhand beschmutzte Türklinke dem nachfolgenden Arzt oder einer andern Pflegerin in die Hand zu drücken?

Sehr leicht erfolgt eine Krankheitsübertragung auch durch die Kleider der Pflegerin. Deshalb ist auf häufigen Wechsel und stete Frische des Mantels oder der Schürze zu achten. Ebenso ist überflüssiges Anfassen der Bettstellen und Anlehnen an diese ängstlich zu vermeiden. Beim Herumtragen eines Kindes muß Ihnen stets die Frage vor Augen schweben: Wie vermeide ich eine Übertragung von Keimen auf andere? Küssen ist natürlich verboten.

Bei der Temperaturmessung (Ausführung siehe Seite 71) ist die wichtigste Regel, daß vorher und nachher die Hände sorgfältigst gereinigt werden. Der Thermometer wird aus dem bei jedem Bett vorhandenen Behälter herausgenommen und mit kaltem Wasser abgespült. Das in der Einzelpflege geübte Einfetten vor dem Gebrauch unterbleibt am besten auf der Abteilung, da so die antiseptische Flüssigkeit besser wirken kann. Eine mechanische Reinigung ist nach der Messung selbstverständlich, sie darf jedoch nicht mit **einer** Bürste für alle Thermometer vorgenommen werden.

Eine vielfach zu wenig berücksichtigte Verbreitungsweise **von Keimen ist die durch Fliegen,** die sich an der Haut des Kindes, besonders gern an den Augen und am Mund, wo zersetzte Nahrungsreste kleben, mit Beinen und Rüssel zu schaffen machen und von einem Bett zum andern fliegen. Und abgesehen davon, ist es nicht eine Grausamkeit, ein armes krankes Kind, das sich nicht wehren kann, und das die Ruhe so nötig braucht, fortgesetzt peinigen zu lassen? **Für den Sommer sollte jedes Bett seinen Gazeschleier haben!**

Für manche ansteckenden Krankheiten genügt auch die peinlichste Sauberkeit nicht, um eine Übertragung zu verhindern. Das kommt daher, daß sich die Keime in den feinen Tröpfchen befinden, die von den Menschen beim Husten, Niesen, scharfen Sprechen aus Mund und Nase herausgeschleudert werden und so überall hin durch die geringste Luftbewegung verschleppt werden. In den kleinsten Staubteilchen sitzen die Bazillen, und was das bedeutet, wird Ihnen klar, wenn Sie einen Sonnenstrahl beobachten, der durch einen Fensterspalt ins Zimmer fällt: Milliardensache Gelegenheit für die Bazillen, sich an den Staubteilchen anzuklammern. Und durch diese Tröpfcheninfektion wird sicherlich eine große Reihe von Säuglingskrankheiten übertragen, vor allem die Erkrankungen der Atmungsorgane, der Keuchhusten, Diphtherie, Masern, aber vor allem auch die Tuberkulose. Deswegen muß jeder mit einer derartigen Krankheit behafteter Mensch vom Säugling ferngehalten werden, und dieser ist, wenn er erkrankt ist, möglichst zu isolieren, um nicht seinerseits eine Reihe von Menschen, Erwachsenen und Kindern, anzustecken, die wieder ihrerseits die Quelle der Infektion werden. Aus dieser Andeutung wird Ihnen die Schwierigkeit der Verhütung von Infektionen in Säuglingsheimen und Säuglingspflegeanstalten klar werden, aber auch die schon stark betonte Notwendigkeit, daß jede erkrankte Pflegerin vom Säugling ferngehalten werden muß und auch jede Mutter die Pflicht hat, ihr Kind durch die eigene Erkrankung nicht zu schädigen. Die Pflegenden müssen sich ein Tüchlein vor Mund und Nase binden bei Husten und Schnupfen. Mit der Frage der Übertragung von Infektionen auf Kinder durch Erwachsene hängen auch die Vorschriften für diejenigen zusammen, die die Kinder in Säuglingsheimen besuchen. Jede Anstalt hat zur Verhütung der Übertragung von Infektionen ihre besonderen Verordnungen, die Sie in sich aufnehmen müssen wie ein Evangelium. Eine Reihe von Anstalten verfügt über sogenannte Boxen, die bewirken, daß jedes Bett vom anderen Bett durch eine Wand getrennt ist, so daß gleichsam jedes Kind in einem eigenen kleinen Zimmerchen liegt. Auf diese Weise wird die Tröpfcheninfektion von Bett zu Bett verhindert. Man kann nicht von einem Kinde zum anderen gelangen, ohne den Umweg um die Zwischenwand zu machen. Die Pflegerin und jede andere Person wird so augenfällig daran erinnert, daß sie vor der Berührung jedes Kindes ihre Hände zu waschen, womöglich auch einen anderen Mantel anzuziehen hat, um keine Übertragung von Keimen vorzunehmen. Das Problem der Infektionsübertragung in Säuglingsheimen ist noch nicht durchaus befriedigend gelöst, aber jede einzelne Pflegerin muß sich bemühen, diese Frage, von der das Gedeihen vieler Säuglinge abhängt, möglichst zu vervollkommnen. Im allgemeinen genügt die Befolgung der im vorstehenden mitgeteilten Gesichtspunkte, um die dem Säugling drohenden Gefahren stark zu vermindern.

Im folgenden sei noch auf einige spezielle Vorschriften zur Verhütung besonderer Erkrankungen hingewiesen.

So bezieht sich eine wichtige, sogar in Gesetzesform gekleidete Vorschrift auf die Verhütung der **eitrigen Augenentzündung des Neugeborenen, der sogenannten Blennorrhoe**, die meist durch Eindringen von besonders sich im Schleim der inneren Geschlechtsteile der Mutter aufhaltenden Bakterien (Gonokokken) in die Augen des Kindes entsteht, auch evtl. nach der Geburt durch die Beschmutzung der Augenbindehaut des Kindes durch den Wochenfluß der am Tripper (Gonorrhöe) erkrankten Frau entstehen kann. Die Krankheit bricht meist am 2.—4. Lebenstage aus und zeigt sich in einer Schwellung und Rötung der Lider, die mit Schleim verklebt sind, weiter in starker eitriger Absonderung aus der von den dicht geschwollenen Lidern gebildeten Lidspalte, welche das Kind gar nicht öffnen kann. Die schwersten Zerstörungen des Auges, des Sehapparates, und dauernde Blindheit können die Folge sein. Die Gefahr der Übertragung des Trippereiters durch damit behaftete Finger, Handtücher, Bettwäsche, Badewasser, Schwamm auf die gesunden Augen und Schleimhäute ist eine außerordentliche große. Zur Verhütung der Krankheit ist die Hebamme angewiesen, Augentropfen in die Lidspalte des neugeborenen Kindes einzuträufeln. Das ist eine segensreiche Einrichtung, die vielen Kindern ihr Augenlicht erhält.

Aber nicht nur Tripperbakterien bedrohen die Gesundheit des Neugeborenen. Der Wochenfluß der Frau enthält auch andere für das Kind schädliche und oft sogar sehr gefährliche Keime, die unter keinen Umständen auf das Kind übertragen werden dürfen. Deswegen muß stets zuerst das Kind und erst nachher die Wöchnerin besorgt werden.

Auch die Erkrankungen der Nabelschnur und Nabelwunde können Sie verhüten, wenn Sie die größte Sauberkeit anwenden; es handelt sich bei diesen Erkrankungen oft nicht nur um äußerliche Entzündungen, sondern um tiefgreifende gefährliche Eiterungen, die bis zum Bauchfell vordringen, ja zu allgemeiner Blutvergiftung führen können. Die Pflegerin, die ihre Hände stets gründlich wäscht, bevor sie das Kind anrührt, das Baden so lange läßt, bis die Nabelschnur abgefallen ist, wird kaum jemals unter ihren Schützlingen eine Erkrankung des Nabels zu verzeichnen haben.

Vor einer Erkrankung an Pocken kann man die Kinder durch die Impfung schützen. Und es ist deshalb zu begrüßen, daß jedes Kind nach dem Reichsimpfgesetz vor dem Ablauf des auf sein Geburtsjahr folgenden Kalenderjahres geimpft werden muß. Sie müssen dem vielfach herrschenden Aberglauben, daß durch die Impfung dem Kinde geschadet werden könnte, begegnen und sich bewußt bleiben, daß die gesetzliche Einführung der Impfung eine der segensreichsten Einrichtungen ist, durch welche die Kinder vor einer der furchtbarsten Erkrankungen, den schwarzen Pocken, geschützt werden können.

Eine ganz besondere Aufgabe fällt Ihnen gerade in der heutigen Zeit durch die Verhütung der Tuberkulose im Kindesalter zu. Sie können alles das, was zur Verhütung notwendig erscheint, aus dem Merkblatt ersehen, welches das Kaiserin Auguste Victoria=Haus zur Verhütung der Tuberkulose herausgegeben hat. Prägen Sie sich die folgenden Sätze genau ein!

Die Tuberkulose, auch Auszehrung oder Schwindsucht genannt, ist eine Geißel der Menschheit und bedroht auch die Kinder schon von früher Jugend an. Besonders seitdem die Ernährung sich verschlechtert, die Wohnungsnot sich vergrößert hat und viele Personen infolge des Krieges tuberkulosekrank geworden sind.

Deshalb sei Euch zu genauester Beachtung mitgeteilt, daß die Tuberkulose durch kleinste, nur mit starker Vergrößerung sichtbare Lebewesen entsteht und weiter verbreitet wird. Diese Krankheits-Erreger (Tuberkel-Bazillen) können — auch bei anscheinend völlig gesunden Menschen — in Mund, Nase, Rachen, Kehlkopf, Luftröhre und Lungen sitzen. Daher kann beim Ausspucken, Niesen, Husten, Küssen, ja schon beim Sprechen und scharfen Atmen der Krankheitskeim aus dem Munde geschleudert und übertragen werden. Ein Kind, das in der Nähe eines Tuberkulösen ist, kann also jeden Augenblick die Krankheitskeime aufnehmen.

Deshalb achtet auf die Personen, die ständig um das Kind sind, ebenso müssen Eltern und Geschwister, die etwa mit Tuberkulose behaftet sind, oder die an Husten und Auswurf leiden, sich, soweit es irgend geht, von den Kindern fernhalten oder ganz von ihnen trennen. Zu regelmäßiger und dauernder Wartung und Pflege des Kindes sollten nur Personen zugelassen werden, die vom Arzt als gesund befunden sind. Seid Ihr selbst tuberkulosekrank, habt Ihr Husten oder Auswurf und könnt Ihr die Kinder nicht in einer gesunden Umgebung anderweitig unterbringen, so vermeidet vor allem das Küssen; laßt auch, wenn irgend möglich, die Kinder nicht bei Euch schlafen. Müßt Ihr Euch mit ihnen beschäftigen, so bindet vor den Mund ein Läppchen aus Gaze oder Mull. Das verhindert die Ausstreuung von Krankheitskeimen beim Sprechen, Husten oder scharfen Atmen.

Beim geringsten Verdacht oder Zweifel, ob Ihr selbst oder sonstige Personen, mit denen Euer Kind ständig zusammen ist, tuberkulös sind, wendet Euch an einen Arzt; und zwar nicht nur einmal, sondern regelmäßig. Oft verbirgt sich nämlich eine Tuberkulose hinter ganz unbestimmten Beschwerden — wie Blässe, Appetitmangel, allgemeiner Schwäche und anderen Störungen —, die nur durch wiederholte ärztliche Untersuchung richtig erkannt werden können.

Ein Tuberkulöser muß sein eigenes Geschirr zum Essen und Waschen haben und darf nicht etwa mit andern, gesunden Menschen dieselbe Zahnbürste oder ein gemeinsames Taschentuch benutzen.

Achtet auf die Spielgefährten Eurer Kinder; laßt sie nicht mit tuberkulösen oder ständig hustenden Kindern zusammen. — Das gleiche gilt von Hausgehilfen, Schlafburschen, Aftermietern, die etwa in Eurem Haushalt ständig mit den Kindern in Berührung kommen; auch sie können ihnen die Tuberkulose bringen.

Nun kann aber die Tuberkulose nicht nur durch einen Erkrankten unmittelbar auf einen andern Menschen übertragen werden, sondern man kann sich auch durch Einatmen von **Schmutz und Staub** in der Wohnung und auf der Straße anstecken. Im Staub halten sich nämlich, auch eingetrocknet, die Tuberkulose-Bazillen lebensfähig. Deshalb sorgt für größte **Reinlichkeit in der Wohnung**; wischt täglich feucht auf. **Niemals** soll das Kind Spielzeug, oder was es sonst vom **Fußboden** oder gar von der **Straße** aufnimmt, in den **Mund** stecken: es können die Krankheitskeime daran haften und so dem Kinde zugeführt werden.

Daher dürft Ihr auch **nicht dulden, daß etwa auf den Fußboden gespuckt wird**. Gerade durch diese Unsitte geraten die Tuberkel-Bazillen überall hin, werden — z. B. beim Auffegen — verschleppt und verbreiten die Krankheit.

Schließlich kann die Tuberkulose auch durch **Milch** von tuberkulösen Kühen übertragen werden. Deshalb gebt den Kindern **niemals rohe, sondern nur abgekochte Milch**, denn durch das Kochen werden die Krankheitskeime vernichtet. Selbstverständlich müssen die Personen, die die Milch zubereiten, ebenso wie die Behälter und Gefäße, worin sie aufbewahrt wird, peinlich sauber sein. Natürlich muß auch der **Sauger** der Milchflasche stets rein gehalten und darf nicht, wie das häufig geschieht, von der Person, die dem Kind die Flasche gibt, im Munde angefeuchtet werden.

Je kleiner und zarter das Kind, desto empfänglicher ist es für all die hier genannten Ansteckungs-Möglichkeiten. Daher macht bei Zeiten Eure Kinder widerstandsfähig. Sorgt für **Licht, Luft, Sauberkeit, vernünftige Ernährung, zweckmäßige Kleidung**. Bringt die Kinder möglichst viel ins **Freie**; bei großer **Hitze**, die gerade den **Jüngsten** schädlich werden kann, nur **ganz leicht bekleidet**: oft genügt nur ein Hemdchen (den Kopf schützt man vor der Sonne durch Bedecken mit einem lose aufliegenden Tuch). Habt Ihr einen Balkon oder ein kleines Gärtchen, so laßt die Kinder möglichst häufig dort; noch besser ist es, falls sich Gelegenheit bietet, sie, wenn auch nur vorübergehend, auf das Land zu bringen.

Haltet ihren **Körper und die Kleidung** sauber, seid in der Ernährung vorsichtig; auch das Zuviel kann schaden.

Alles dies gehört zur **Abhärtung**, die noch am ehesten vor Krankheiten schützt. Denn oft ist irgend ein Leiden, wie Masern, Keuchhusten, Erkältung Ausgangpunkt für eine Tuberkulose. Diese faßt in einem bereits geschwächten Körper eher Fuß. Deshalb achtet darauf, wenn das Kind nach einer Krankheit sich nicht recht erholt, blaß bleibt, an Gewicht nicht zu- oder gar abnimmt; oder wenn es etwa dauernd, auch nur wenig fiebert.

Dann müßt Ihr sofort, ohne langes Abwarten oder Anwendung von Hausmitteln oder Befolgung von gutgemeinten Ratschlägen der Nachbarn ärztlichen Rat einholen. Überall findet Ihr **Fürsorge- und Beratungsstellen**, wo Ihr stets Rat und Hilfe erhaltet.

Es liegt auch in Ihrer Hand die **Rachitis**, die sogenannte **englische Krankheit**, jedenfalls die schweren Formen, zu verhüten. Die Krankheit beruht darauf, daß der Knorpel nicht normal verkalkt und infolgedessen eine Knochenweichheit eintritt. Sie finden die Weichheit des Schädels, insbesondere am Hinterkopf, den verspäteten Schluß der Fontanelle, die dicken Gelenke, besonders an den Gelenkenden des Unterarmes, an den Rippen (dem Übergang des knorpeligen in den knöchernen Teil), den sogenannten Rosenkranz. Die langen Röhrenknochen verbiegen sich ebenso wie die Wirbelsäule bei unzweckmäßiger Belastung und können, wenn sie dann in verbogener Stellung verkalken und fest werden, zu bleibenden schweren Krümmungen führen, die das Kind zum Krüppel machen. Ein rachitisches Kind lernt nicht zur rechten Zeit sitzen und stehen, auch die Zähne kommen spät und unregelmäßig. Daß die englische Krankheit eine Erkrankung ist, die nicht nur den Knochen, sondern den gesamten Organismus betrifft, ersehen Sie daraus, daß solche Kinder sehr unruhig sind, viel schreien; auch daran, daß sehr häufig starkes Schwitzen am Hinterkopf die Krankheit ankündigt. Die englische Krankheit, die um die Wende des ersten Lebenshalbjahres ihre ersten Erscheinungen zu machen pflegt, oft auch erst Ende des ersten oder im zweiten Jahre, können Sie durch zweckmäßige Ernährung und Pflege, vor allem durch Anwendung der Pflege im Freien, verhüten, jedenfalls verhindern, daß, wenn eine erbliche Anlage besteht, schwerere Grade der Erkrankung entstehen. Sie müssen alle Ernährungsfehler abstellen, die Kinder aus den schlecht gelüfteten dumpfen Wohnungen viel ins Freie bringen und sie des Lichtes und der Luft teilhaftig werden lassen. Aber Sie können auch durch zweckmäßige Ernährung und Pflege des bereits mit englischer Krankheit behafteten Kindes dasselbe vor schwereren Graden der Erkrankung schützen und vermeiden, daß Verschlimmerungen und störende Zwischenfälle eintreten. Sie müssen diese Kinder recht zart anfassen, damit keine Brüche oder Verbiegungen der Knochen entstehen und die Entstehung der Rückgratsverkrümmung dadurch verhüten, daß Sie das Kind möglichst nicht tragen, sondern auf einer glatten Unterlage liegen lassen. Den ärztlichen Vorschriften zur Verhütung und Behandlung der Verkrümmung müssen Sie unbedingt Folge leisten. Eine häufige Begleiterscheinung der englischen Krankheit sind Krämpfe und besonders Stimmritzenkrampf (s. S. 64). Wenn Sie die englische Krankheit verhüten, vermindern Sie zugleich die Krampfkrankheiten.

Sie sehen, daß in Ihre Hand die Verhütung einer großen Reihe von Erkrankungen gelegt ist, und, wenn alle Frauen ihre Pflicht erfüllten, die Gefährdung des Kindes durch Erkrankungen stark eingeschränkt werden könnte. Sie haben aber nicht nur die wichtige Aufgabe, durch die Ihnen geschilderten Maßnahmen Erkrankungen zu verhüten, sondern das Kranksein des Säuglings bei seinem ersten Beginn zu erkennen, d. h. nicht etwa eine Diagnose zu stellen, die dem Arzt überlassen bleibt, sondern festzustellen, daß eine Abweichung vom normalen Zustand vorliegt. Denn viele Kinder würden gerettet werden, wenn die Krankheiten bei ihrem Beginn erkannt würden und gehen daran zugrunde, daß die Anzeichen entweder nicht gekannt oder nicht beachtet werden und infolgedessen die zweckmäßige Hilfe zu spät in Anspruch genommen wird. Sie erfüllen als Pflegerin Ihre Aufgabe voll und ganz, wenn Sie rechtzeitig das Vorhandensein einer Erkrankung feststellen und diejenigen Maßnahmen durchführen, die durch die Feststellung geboten erscheinen, bis der Arzt, der sofort geholt werden muß, die notwendigen Verordnungen trifft. Um aber die Krankheit rechtzeitig zu erkennen, bedarf die Pflegerin der genauen Beobachtung des Kindes, auf die im folgenden näher eingegangen werden soll.

Beobachtung des Säuglings.

Nicht jeder Frau ist es gegeben, eine gute Beobachterin ihres Kindes zu sein. So manche wertet eine Nebensächlichkeit zu wichtig, Wichtiges nebensächlich. Wenn auch in der Beobachtungsgabe weitgehende Unterschiede unter den Menschen bestehen und keineswegs jede Frau diesbezüglich gleich gut veranlagt ist, so kann sie doch manches von dem, was ihr in der Anlage fehlt, ersetzen durch Sorgfalt und Genauigkeit.

Vor allem gehört zur Beobachtung eines Kindes die genaue Betrachtung des Körpers und seiner Proportionen, die Feststellung seines

Gewichts und seiner Länge durch Wage und Maß, wie auch die des Kopfumfanges, des Brustumfanges, die Zählung von Atmung und Puls, ebenso wie die Betrachtung des Stuhlbildes und des Urins. All das kann jede Mutter, kann jede Pflegerin lernen, sie bedarf nur der Sorgfalt. Hinzu kommt die Beurteilung der Simmung und des Aussehens des Kindes, und hier allerdings unterscheiden sich gute von schlechten Beobachterinnen. Der guten Beobachterin entgehen auch die leichtesten Veränderungen nicht. Sie bemerkt die geringste Veränderung des Wesens des Kindes, fühlt fast instinktiv, daß etwas nicht in Ordnung ist. Wer Kinder liebt und deshalb gern pflegt, der lernt diese Kunst und wird dadurch zu der wichtigsten Gehilfin des Arztes, der auf diesen Beobachtungen mit seine Diagnose und seinen Heilplan aufbaut.

Das eben geborene Kind muß auf etwaige Mißbildungen besichtigt werden. Es muß besonders beachtet werden, ob After und Harnröhrenöffnung vorhanden sind. Das Übersehen kann dem Kinde das Leben kosten, rechtzeitige Feststellung das Leben retten.

Auch muß darauf geachtet werden, ob nicht etwa eine Hasenscharte oder ein Wolfsrachen vorliegt. Hasenscharte ist eine einseitige oder beiderseitige Spaltung der Oberlippe rechts oder links von dem Oberlippengrübchen, Wolfsrachen eine Spaltung der Oberlippe links oder rechts von dem Oberlippengrübchen, die bis in den harten bzw. weichen Gaumen hineingeht. Auch kann harter bzw. weicher Gaumen allein eine Spaltbildung aufweisen. Die Mißbildungen müssen sofort gesehen und damit behaftete Kinder dem Arzt zugeführt werden, weil sie erhebliche Hindernisse für die Ernährung abgeben können. Verunstaltungen der Hände, Füße, der Geschlechtsteile, der Wirbelsäule werden Ihnen ja bei der genauen Beobachtung des Neugeborenen von der Vorder- und auch von der Rückseite sofort auffallen und ihre Meldung an den Arzt veranlassen.

Sie werden auch der Nabelschnur des Neugeborenen, bzw. dem Nabel besondere Beachtung zu schenken haben. Sie haben dazu Gelegenheit, wenn Sie das neugeborene Kind baden oder den Nabelverband wechseln. Es kann vorkommen, daß die Nabelschnur schlecht unterbunden[1]) wurde, und dann blutet es aus den Adern des erschlafften Nabelschnurrestes nach außen. Tödliche oder zumindest sehr

---

[1]) Im Hebammenlehrbuch wird die Hebamme angewiesen, nach dem Baden das Kind in eine Windel zu legen, die Unterbindungsschleife an der Nabelschnur zu lockern, den Knoten noch einmal fest zusammen zu ziehen und auf den ersten Knoten einen zweiten recht festen zu setzen.

Beobachtung des Säuglings.

schwächende Blutungen können die Folge sein. Nur das rechtzeitige Bemerken kann dem Kinde das Leben retten. Durch genaue Besichtigung des Nabels werden Sie auch die Nabelentzündungen und die von da ausgehenden schwereren Eiterungen so frühzeitig als möglich erkennen können und den Arzt zuziehen. Die Nabelentzündung wird dadurch kenntlich, daß die Nabelwunde nicht blaß ist sondern gerötet, geschwollen und unter Umständen eiternd. Hier ist schleunige ärztliche Hilfe geboten, damit nicht das Allgemeinbefinden des Kindes schwere Störungen erleidet und schließlich Lebensgefahr eintritt.

Außerordentlich wesentlich ist, daß Sie jeden Tag die Haut des ganzen Körpers betrachten, damit Ihnen keine Veränderung entgeht. Denn von der Haut lassen sich viele Dinge ablesen, die im Körperinnern vorgehen. Alle Abweichungen von der normalen Beschaffenheit der Haut müssen genau vermerkt werden. Bei der Mehrzahl der Kinder werden Sie am 2. oder 3. Lebenstag Gelbfärbung der Haut bemerken, bald nur angedeutet, bald stärker. Sie dauert ungefähr eine Woche und verschwindet langsam. Dieser Vorgang ist fast stets harmloser Natur. Sie müssen aber an krankhafte Verhältnisse denken, wenn die Gelbsucht immer mehr zunimmt oder nach der 4. Woche nicht verschwindet. Jede kleine Rötung, jeder abnorm gefärbte Fleck, jedes Pustelchen müssen gemeldet werden. Ein gesundes zweckmäßig gepflegtes Kind darf nicht wund sein. Die Haut des Gesäßes muß ebenso glatt sein, wie die Haut des anderen Körpers. Wundsein deutet immer auf unzweckmäßige Pflege oder eine Störung. Da von den kleinsten Eiterpustelchen schwere allgemeine Entzündungen, ja selbst Blutvergiftung ausgehen können, müssen sie beachtet werden. Eine ganze Reihe der sogenannten Kinderkrankheiten (Masern, Scharlach, Röteln) zeigt sich durch Ausschläge auf der Haut, die verschiedenen Charakter haben, verbunden mit Störungen des Allgemeinbefindens. Sie sollen nicht eine Diagnose aus der Art des Hautausschlages stellen, sondern sie sollen lediglich feststellen, daß ein Hautausschlag vorliegt, andere Kinder von der Infektion dadurch schützen, daß Sie beim Bemerken eines solchen Ausschlages das Kind isolieren.

Aber ganz abgesehen von den genannten Veränderungen der Haut ist die Beobachtung der Hautfarbe des Säuglings außerordentlich wichtig. Erblassen des Säuglings, der bisher immer rosig gefärbt war, Erblassen insbesondere während einer Erkrankung, häufiger Farbenwechsel, sind Zeichen, die bedeutungsvoll genug sind, um beachtet zu werden.

Bei einer Reihe von Kindern wird Ihnen auffallen, daß die Haut absolut nicht glatt wird, auch nicht bei bester Pflege, vielmehr spröde bleibt, leicht schuppt, bei dem kleinsten äußeren Reiz gerötet wird; Sie werden finden, daß sich auf der behaarten Kopfhaut trotz guter Pflege immer wieder Schuppen ansammeln, eine Erscheinung, die im Volksmund als **Gneis** und **Milchschorf** bekannt ist. Es handelt sich um Kinder, die eine besonders zu Entzündungen der Haut neigende Veranlagung mit auf die Welt gebracht haben und deshalb einer sehr sorgfältigen, nach Angabe des Arztes durchzuführenden Hautpflege bedürfen. Eine Vernachlässigung der Hautpflege dieser Kinder würde zu schwerem Wundsein, Ekzemen, Abszessen, Drüsenschwellungen führen. Die genaue Besichtigung der Haut ist auch deswegen so wichtig, weil die **angeborene Syphilis** unter ihren vielgestaltigen Symptomen mit Vorliebe Erscheinungen auf der Haut des Kindes hervorruft. Es können in den ersten Tagen und Wochen nach der Geburt an Armen und Beinen, und zwar besonders an Handtellern und Fußsohlen, Hautausschläge der verschiedensten Art (Bläschen, Flecken, Schuppen, Papeln) auftreten, ebenso wie Entzündungen an den Nägelbetten, auch Geschwüre am After, die auf das Vorliegen dieser Erkrankung hinweisen — bei Kindern, die scheinbar ganz gesund geboren wurden. So ein Ausschlag muß nicht syphilitischer Natur sein aber er kann es sein. Deswegen sollen Sie auch nicht die Diagnose stellen, sondern beim Vorliegen dieser Krankheitserscheinungen einen Arzt um Rat fragen. Die frühzeitige Erkennung ist nicht nur im Interesse des Kindes wichtig, sondern auch deswegen, weil diese Hautstellen die Erreger der Syphilis enthalten, die sogenannten Spirochäten, Lebewesen, welche die Krankheit übermitteln. Die Erkrankung kann dadurch übertragen werden, daß wunde Stellen anderer Menschen mit diesen Lebewesen in Berührung kommen. Sie dürfen deshalb ein solches Kind auch niemals mit wunden oder aufgesprungenen Händen berühren, müssen diese Kinder recht sauber und sorgfältig pflegen, die Hände nach Berührung stets gründlich desinfizieren, um die Erkrankung nicht auf andere Menschen oder sich selbst zu übertragen. Sie dürfen nicht etwa auf eigene Faust zu solchen Kindern eine Amme nehmen, weil die Amme von solchen Kindern angesteckt werden und an Syphilis erkranken kann. Sie dürfen auch niemals von sich aus ein solches Kind in fremde Pflege geben, ohne dem Arzt Mitteilung gemacht zu haben, der das Notwendige zur Vermeidung der Übertragung veranlassen wird.

Nicht nur auf die Farbe der Haut kommt es an, sondern auch

auf ihre Elastizität. Wenn Sie bei dem normalen Kinde eine Hautfalte in die Höhe heben, schnellt sie elastisch wieder zurück. Wird das Kind welker, wie es bei schlechtem Gedeihen vorkommt, wird die Elastizität merklich geringer. Verarmt der Organismus an Wasser, kann sogar die Hautfalte stehen bleiben. Es ist das insbesondere ein Zeichen hochgradiger Wasserverarmung bei schwerem Brechdurchfall und erfordert schleuniges Eingreifen des Arztes.

Ebenso wie Sie die Haut des Säuglings genau beobachten müssen, müssen Sie auch die Schleimhaut sorgfältig beobachten. Sowohl die Schleimhaut des Mundes als auch die der Nase; damit Sie auf der Schleimhaut des Mundes etwa auftretenden Soor, Bläschen oder Geschwüre rechtzeitig bemerken, damit Ihnen auch ein beginnender Schnupfen des Säuglings nicht entgehen. Denn der Schnupfen des Säuglings ist auch auf andere Kinder übertragbar, er kann auch für das Kind selbst verhängnisvoll werden, indem er der anscheinend harmlose Vorläufer einer Erkrankung der Atmungsorgane sein kann, des Luftröhrenkatarrhs und der Lungenentzündung. Aber auch, wenn es beim Schnupfen bleibt, sind die Folgen Schwierigkeiten der Ernährung, des Trinkens an der Brust und schon aus diesem Grunde bedarf er der Behandlung. Schon an dem schniefenden Geräusch, das beim Durchströmen der Luft durch die Nase entsteht, deren Gänge durch die Schwellung der Schleimhaut und durch die eingetrockneten Borken verengt sind, können Sie den beginnenden Schnupfen erkennen; oder daran, daß Sekret aus der Nase abgesondert wird, bald nur schleimiges, bald eitrig-blutiges. Darauf müssen Sie sehr achten, weil gerade eitrig-blutiger Schnupfen Zeichen einer diphtherischen Erkrankung der Nasenschleimhaut sein kann; ein trockener, sich nur durch Schniefen verratender Schnupfen kann Zeichen einer angeborenen Syphilis sein. Alles Grund genug, damit Sie dem Schnupfen Ihre besondere Aufmerksamkeit widmen, ihn beim ersten Beginn der Behandlung zuführen. Sie müssen auch lernen, dem Kinde in den Hals zu sehen, um Rötung oder Belag auf der Schleimhaut oder den Mandeln rechtzeitig festzustellen. Sie müssen, wenn Sie derartiges bemerken, sofort den Arzt zuziehen, denn es konnte sich nicht nur um eine harmlose Halsentzündung, sondern auch um den Beginn von Masern, Scharlach oder Diphtherie handeln.

Jeder Katarrh des Rachens, jede Halsentzündung kann sich durch die im Nasenrachenraum endigende Ohrtrompete auf das Mittelohr fortsetzen, hier Veranlassung zu Mittelohrentzündung geben, die sehr schmerzhaft und auch gefährlich werden kann. Wenn das Kind lebhafte Schmerzen äußert, sehr unruhig ist, den Kopf hin- und herwirft, beim Druck auf den äußeren Gehörgang zusammenzuckt oder schmerzhaft aufschreit, Fieber hat, dann denken Sie daran, daß eine Mittelohrentzündung vorliegen könnte und holen Sie sofort den Arzt! Bemerken Sie plötzlich eitrigen Ausfluß aus den Ohren — Ohrenlaufen —, dann bringen Sie sofort auf sachgemäße Behandlung — denn sowohl tödliche Hirnerkrankungen, aber auch lebenslängliche Schwerhörigkeit und Taubheit können die Folgen einer vernachlässigten Mittelohrentzündung sein.

Durch die tägliche Wägung des Gewichtes gewinnen Sie einen Anhaltspunkt für die Entwicklung des Säuglings. Über die normale Zunahme unterrichtet Sie das einleitend Gesagte. Das Gewicht entscheidet keineswegs allein über die Beurteilung des Zustandes eines Kindes, aber es ist mit ein Anhaltspunkt dafür, ob eine Störung vorliegt oder nicht. Wenn die Gewichtszunahme sich verringert oder das Kind sogar abnimmt, was Sie ja auch bei der Betrachtung des Körpers durch die Feststellung der Abmagerung, Schwinden des Fettpolsters bemerken müssen, ist das ein Zeichen einer Erkrankung und es besteht für Sie die Notwendigkeit, den Arzt zu rufen. Nicht nur die regelmäßige Wägung des Körpergewichtes ist wichtig, sondern speziell bei Brustkindern auch die Wägung der Trinkmengen, wenn eine Störung eintritt. Nimmt ein Kind an der Brust nicht zu, oder nimmt es sogar ab, zeigt es veränderte Darmentleerungen oder andere Zeichen einer Erkrankung, so ist Ihre erste Pflicht, die Trinkmengen, die das Kind an zwei aufeinander folgenden Tagen trinkt, festzustellen, damit der Arzt einen Anhaltspunkt gewinnt, ob das Kind zu viel oder zu wenig bekommt, und danach sein Vorgehen einrichtet. Keine Störung bei einem Brustkinde kann richtig behandelt werden, ohne daß die Wägung der Trinkmengen vorangeht. Sie dürfen nicht etwa selbständig vorgehen, weil Sie glauben, daß das Kind zu viel oder zu wenig bekommt. Für Sie besteht nur die Pflicht der Beobachtung und der genauen Registrierung der Trinkmengen, damit Sie sie dem Arzt mitteilen können.

Auch die regelmäßig vorgenommene Messung der Länge, des Kopfumfanges und Brustumfanges des Kindes sind wichtige Behelfe für die Beurteilung eines Säuglings und gehören mit zu einer genauen Beobachtung.

Die genaue Feststellung der Zahl der Atemzüge, wie der Zahl der Pulsschläge ist ebenfalls für Sie Pflicht, denn aus der Erhöhung wie auch Verminderung der Zahl lassen sich wichtige Schlüsse auf die Tätigkeit von Herz und Lunge ziehen. Da jedoch, wie schon erwähnt, Schreien und Erregungen Atmung und Puls stark beeinflussen, müssen Sie versuchen, die Zahl in der Ruhe festzustellen, was nur durch viel Übung gelingt. Wichtig ist für Sie das Verhältnis der Zahl der Pulsschläge zu der der Atemzüge. Normalerweise müssen auf einen Atemzug je drei bis vier Pulsschläge kommen. Wenn Störungen in der Atmung bestehen, wie z. B. bei **Lungenentzündung oder anderen Erkrankungen der Atemwege**, dann ändert sich das Verhältnis. Es kommt schon auf weniger als drei Pulsschläge ein Atemzug. Sie müssen auch beobachten, ob die Atmung nicht etwa hörbar wird, ob das Kind röchelt. All das gibt dem Arzt Fingerzeige. Auch müssen Sie beachten, ob bei der Atmung nicht etwa die Nasenflügel sich mitbewegen, ein wichtiges Anzeichen für eine Erkrankung der tieferen Luftwege oder des Herzens. Auch darüber, ob nicht zu gewissen Zeiten der Puls schlecht fühlbar, unregelmäßig wird, müssen Sie Aufzeichnungen machen. Dazu gehört viel Übung und Sorgfalt. Sie müssen auch beachten, ob das Kind etwa hustet, wie die **Art des Hustens** vor sich geht, ob krampf- oder stoßweise und das dem Arzt melden. Er kann daraus den Schluß ziehen, ob es sich nicht etwa um Keuchhusten handelt.

Auch die Bauchdecken bedürfen einer besonderen Beachtung. Sowohl das Einsinken der Bauchdecken, wie auch die Hervorwölbung das Auftreten eines sogenannten aufgetriebenen Leibes, ist wichtig für die Beurteilung des Zustandes eines Kindes speziell für die Bekömmlichkeit der Ernährung. Stark eingesunkene Bauchdecken können auf Hunger oder auch auf Erkrankung hinweisen.

Ganz besondere Sorgfalt müssen Sie auf die Betrachtung der Entleerungen verwenden, auf die **Anzahl, auf die Beschaffenheit der Stühle**, ja auf den Geruch der Stühle. Es ist für die Beurteilung und Behandlung eines **Darmkatarrhs**, der für das Schicksal des Kindes von der allergrößten Bedeutung werden kann, von großer Wichtigkeit, die Veränderung des Stuhlbildes in ihren ersten Anfängen zu erkennen, und zu registrieren, ob ein Kind, das bisher 2—3 normale Stühle hatte, nicht 4 oder 5 Stühle entleert, ob sie wässeriger werden, schleimiger, zerhackt aussehen, ihre Farbe verändern, fauliger oder säuerlicher riechen als sonst, ob Bläschen in ihnen aufsteigen, ob Schleim und Eiter beigemengt ist. Sie haben die Pflicht, die Stuhlentleerung zur Besichtigung durch den Arzt aufzuheben und müssen bedenken, daß es schon deswegen auf Ihre Beobachtung des Stuhles ankommt, weil der Arzt den Stuhl erst oft viel später sieht, wenn er bereits durch Eintrocknen und Farbenveränderung seine ursprüngliche Beschaffenheit und Farbe verändert hat. Sie werden sich daran erinnern müssen, daß normalerweise das Mekonium schwarz-grün aussieht, daß aber späterhin die Veränderung des Stuhls ins Schwärzliche wie auch ins Helle Zeichen der Erkrankung darstellen. In der Beurteilung des Stuhls müssen Sie sich durch vielfache Übung schulen. Die kleinste Abweichung vom Normalen muß Ihnen auffallen. Denn Abweichungen des Stuhlbildes vom Normalen sind häufig die ersten Zeichen von **Verdauungsstörungen**. Aber auch **Verstopfung**, die seltene Entleerung festerer oft auch hellerer Stuhlmassen, weist auf eine Erkrankung und darf von Ihnen nicht etwa durch Abführmittel, Klystiere und Einläufe selbständig behandelt werden. Vielmehr bleibt dem Arzt eine Änderung in der Art der Ernährung vorbehalten.

Sie müssen auch den Urin auffangen, um zu sehen, ob er klar ist. Auf die Methodik verweisen die Handgriffe.

Die größte Beachtung verdient die **Temperatur des Säuglings**. Sie wird in Anstalten regelmäßig gemessen und muß auch im Privathause unbedingt dann gemessen werden, wenn auch nur kleinste Veränderungen im Wesen des Kindes auf ein Kranksein hinweisen. Gegen diese Regel wird oft verstoßen. Sie haben die Pflicht, im Falle Ihnen das Kind nicht normal erscheint, die Temperatur zu messen (s. Handgriffe) und diese Messung morgens und abends zu wiederholen. Die Beurteilung eines kranken Kindes ohne laufende Feststellung der Temperatur ist unmöglich. Sie haben die Pflicht, diese Temperaturen regelmäßig aufzuschreiben bzw. auf einer Fieberkurve zu registrieren.

Auch die **Beachtung der Nahrungsaufnahme** ist für Sie von allergrößter Wichtigkeit, sowohl beim Brust- wie beim Flaschenkind. Sie müssen feststellen, ob das Kind mit Freude und Appetit Nahrung nimmt, ob es unlustig und faul ist, ob es, nachdem es bisher gut getrunken hat, plötzlich Zeichen der Abwehr von sich gibt, die Brust oder Flasche losläßt, Zeichen des Schmerzes zeigt. Gerade aus der Art der Nahrungsaufnahme lassen sich wichtige Schlüsse ziehen! Grund genug, damit Sie die Technik der Ernährung recht gründlich erlernen. Sie müssen feststellen, ob das Kind nach oder während des Trinkens aufstößt, ob es die Nahrung ausschüttet, ob es bricht, wann dieses Erbrechen eintritt, wie die Menge und Art des Erbrochenen ist. Dem Ernährungsvorgang kann eben nicht genug Aufmerksamkeit gewidmet werden. Ein verhängnisvolles Sprichwort ist:

„Speikinder sind Gedeihkinder". Erbrechen ist immer ein krankhafter Vorgang, der ärztlichen Begutachtung bedarf. Der feinste Gradmesser für das Befinden des Kindes ist seine Stimmung. Ein gesundes normales Kind schläft gut, ist im allgemeinen ruhig, heiter. Krankheit zeigt sich durch die leichtesten Stimmungsveränderungen, Weinerlichkeit, unruhiges Schlafen, ein Beweis wie notwendig es ist, daß Sie gerade die zartesten Regungen der kindlichen Seele beachten. Wenn Kinder, die immer ruhig gewesen sind, anfangen zu schreien, hat es seinen besonderen Grund. Ihre Aufgabe ist es, nach der Ursache dieses Schreiens zu forschen, nachzusehen, ob das Kind naß liegt, ob die Windel drückt oder zu rauh ist, ob es wund ist, ob es durch Insekten (Fliegen, Flöhe, Läuse) belästigt wird, ob ein harter Gegenstand mit eingewickelt war, ob das Kind zu warm eingepackt ist, kurz und gut, Sie müssen nach allen möglichen Dingen forschen. Sie müssen das Kind messen und wenn Sie da nichts finden können, beachten, ob irgend eine Bewegung (Aufrichten, Anheben des Kopfes), ein Druck (Ohr, Knochen u. a.) dem Kinde Schmerzen verursacht. Sie dürfen aber nicht ohne weiteres eine Diagnose stellen und eingreifen, dem Kinde Nahrung geben oder entziehen. Sie haben nur die Pflicht der Beobachtung aber nicht die der Behandlung und Diagnose. Es gibt natürlich auch Kinder, die von Geburt aus unruhig sind, die im Gegensatz zu normalen Kindern nicht tief schlafen, schreckhaft sind, leicht zusammenzucken, wenn man an das Bett tritt und nach dem Schreck losbrüllen. Das sind Kinder mit einer Veranlagung zu abnormen Erregbarkeiten, nervöse Kinder. Aber nicht nur abnorme Schreckhaftigkeit und Unruhe müssen Sie rechtzeitig bemerken, sondern auch das Gegenteil davon. Abnorme Schläfrigkeit, Müdigkeit, die ersten Grade der Bewußtseinstrübung, die für bestimmte Erkrankungen charakteristisch sind. Sie dürfen diesen Zustand nicht erst bemerken, wenn die Kinder vorgehaltenen Gegenständen nicht mehr folgen, nicht mehr fixieren, sondern die ersten Anfänge müssen Ihnen klar werden. Ein leichter Verfall des Kindes (Kollaps) oder eine geringgradige Bewußtseinstrübung sind oft nur dann zu bemerken, wenn das Kind ruhig ist; so kommen Sie früher dazu, den Arzt aufmerksam zu machen, als dieser selbst die Feststellung machen kann, da das Kind durch die Untersuchung gewöhnlich erregt wird und lebhaft schreit. Sie müssen auch darauf achten, ob dies Bewußtsein des Kindes nicht etwa durch Auftreten von Krämpfen getrübt wird, die sich darin zeigen, daß der kleine Körper durch kurze Stöße erschüttert wird, die Augen hin- und herrollen, die Lider geöffnet und wieder geschlossen werden. Der ganze Körper oder nur ein Teil — manchmal nur ein Beinchen oder ein Ärmchen — können von den Krämpfen befallen werden. Gerade deshalb, weil so ein Krampf ja nicht immer etwa Minuten und Stunden dauert, wobei er natürlich Ihrer Aufmerksamkeit nicht entgehen kann, sondern nur wenige Augenblicke, ist die Beachtung nötig. Auch müssen Sie feststellen ob nicht etwa im Anschluß an das Schreien ein **Stimmritzenkrampf** eintritt, der vielen Kindern das Leben kostet, der aber rechtzeitig bemerkt dem Arzte Grund zu Maßregeln gibt, welche die Gefahr abwenden. Dieser Stimmritzenkrampf verläuft folgendermaßen. Gewöhnlich im Anschluß an einen Hustenstoß oder an einen Schrei bleibt plötzlich die Atmung weg, das Kind ringt nach Luft, streckt die Arme vor, verdreht die Augen, das Bewußtsein trübt sich oder schwindet. Plötzlich hört man einen lauten krähenden Ton, ein Zeichen, daß die Luft durch die bis dahin krampfhaft verschlossenen Stimmritzen wieder entströmt. Dies kann sich mehrmals wiederholen, bis sich das regelmäßige Atmen wieder einstellt. Das Kind bleibt eine Zeitlang benommen, ist äußerst schlaff und matt. Nicht immer sind die Anzeichen so ausgeprägt. Es kommen auch leichte Anfälle vor, die sich oft nicht anders äußern als in einem gar nicht besonders auffallenden Krähen. Aber gerade dieses Krähen dürfen Sie nicht überhören, damit durch rechtzeitiges Eingreifen die schweren Anfälle verhindert werden.

Die fortlaufende Beobachtung eines Kindes ermöglicht Ihnen die Feststellung, ob das Kind zur normalen Zeit fixieren, den Kopf halten, setzen und stehen lernt. Jede Abweichung vom normalen Zustand soll Sie veranlassen, einen Arzt um Rat zu fragen, denn, wenn auch manche Störung bedeutungslos sein und ohne ärztliches Zutun heilen kann, so kann Sie doch für die Unterlassung der Zuziehung eines Arztes schwere Verantwortung treffen; — denn Sie können der Störung niemals im Beginne ansehen, wie sie verlaufen wird. Aber Sie sollen im folgenden etwas darüber hören, wann Sie selbständig vorgehen können, ja sogar müssen.

Selbständiges Handeln von Mutter und Pflegerin.

Sollen Sie sich auch, wie aus dem vorhergehenden Abschnitt klar ersichtlich ist, darauf beschränken, vorzubeugen und durch genaue Beobachtung die Tätigkeit des Arztes zu erleichtern, so gibt es doch Zwischenfälle, in denen Sie, um eine Gefahr für das Kind zu vermeiden, selbständig handeln müssen. Dazu gehören vor allem gewisse Unglücksfälle, die allerdings überall dort vermieden werden können, wo die Aufsicht über das Kind eine strenge und sachgemäße ist. Fällt das Kind aus dem Bett oder von der Kommode, wird dabei bewußtlos, dann müssen Sie das Kind sofort entkleiden, genau besichtigen, um eingetretene Veränderungen festzustellen, bis zum Eintreffen des Arztes das Kind ruhig lagern und ihm eine kalte Kompresse auf den Kopf legen. Ist durch den Unglücksfall eine Blutung eingetreten, so müssen Sie versuchen, diese durch Druck auf die blutende Stelle oder Abbindung des Gliedes oberhalb der blutenden Stelle zu stillen, eventuell solange den Druck ausüben, bis der Arzt gekommen ist. Bei Verbrennungen und Verbrühungen sollen Sie sofort die verbrannte Stelle mit einer Brandbinde oder einer Mischung von Leinöl und Kalkwasser bedecken. Sie müssen auch selbständig vorgehen, wenn Erstickungsgefahr besteht, das Kind aufhört zu atmen, wie das bei Neugeborenen, aber auch bei älteren Säuglingen im Verlaufe von Krämpfen, im Verlaufe des Stimmritzenkrampfes vorkommen kann. Will das Neugeborene aus irgendeinem Grunde nicht atmen, obschon das Herz noch durch sein Schlagen Leben verkündet, so muß Ihr erster Griff sein, mit einem Gazeläppchen den Mund von Schleim zu befreien und dann das Kind an den Beinen hochzuheben, damit die im Rachen und Luftröhre befindliche Flüssigkeit ablaufen kann. Die eigentlichen Belebungsmittel bestehen erstens im Hautreizen, zweitens in künstlicher Atmung. Die einfachsten Reize sind kräftige Schläge auf das Gesäß, Anblasen des Gesichtes sowie Anspritzen mit kaltem Wasser, Reiben des Rückens mit einem Tuche und Kitzeln der Nase mit einer Feder. In vielen Fällen wird dadurch schon kräftiges Schreien und dadurch die Atmung ausgelöst. Starke Reize stellen dar: übergießen mit kaltem Wasser oder Eintauchen bis an den Hals in einen Eimer kalten Wassers, aber nur für einen Moment und anschließend warmes Bad. Dieses Verfahren kann mehrmals wiederholt werden. Gelingt auf diese Weise die Wiederbelebung scheintoter Kinder[1] nicht, so können Sie dazu übergehen, die künstliche Atmung durchzuführen. Sie machen das folgendermaßen:

---

[1] Scheintote Kinder sehen entweder blaurot aus, machen ganz leichte oder plötzliche seltene Atembewegungen (sog. blauroter Scheintod, Asphyxie) oder sie sehen leichenblaß aus, zeigen gar keine Atmung (sog. bleicher Scheintod).

Sie legen das Kind lang ausgestreckt mit dem Rücken auf einen Tisch, die Füße sich zugekehrt. Dann umfassen Sie mit vollen Händen den Brustkorb, wobei ihre Handwurzeln unterhalb des Rippenbogens, also auf den seitlichen Partien des Bauches liegen, und pressen nun in regelmäßigem Rhythmus ihre Hände vorsichtig zusammen und lassen sogleich wieder los. Die Atmungsbewegungen sollen etwa doppelt so oft erfolgen wie Ihre eigenen, aber nicht häufiger. Es wird dabei nicht nur der kindliche Brustkorb, sondern auch die Bauchpresse die Luft aus den Lungen herauspressen, die beim Loslassen wieder nachgesogen wird.

Die Wiederbelebung dieser scheintoten Kinder dauert oft sehr lange, manchmal Stunden. Sie müssen mit Ihren Bemühungen unermüdlich fortfahren und dürfen, wenn keine Lebenszeichen auftreten, erst bei Ankunft eines Arztes aufhören.

Diese künstliche Atmung müssen Sie, wie schon bemerkt, auch dann anwenden, wenn das Kind im Verlaufe von Krämpfen aufhört zu atmen oder wenn frühgeborene Kinder, wie das in den ersten Tagen häufiger vorkommt, plötzlich blau werden, sich ihre Atmung verflacht, ferner, wenn durch Stimmritzenkrämpfe die Atmung vollständig aufhört. Beim Stimmritzenkrampf werden Sie auch alle die Reize zur Anwendung bringen, die vorher genannt sind und können auch versuchen, den Krampf dadurch zu lösen, daß Sie den Zungenboden mit dem Finger niederdrücken.

Tritt in Abwesenheit des Arztes ein Kollaps eines kranken Kindes ein, dann müssen Sie unter Umständen sogar dem Kinde eine belebende Spritze geben, d. h. eine Ihnen vom Arzte in die Hand gegebene Arzneilösung unter die Haut einspritzen. Es sei auf Seite 81 verwiesen.

Stellen Sie bei dem von Ihnen gepflegten Kinde hohes Fieber über 40° fest, unter dem es anscheinend schwer leidet, dann können Sie vor Eintreffen des Arztes in vorsichtiger Weise eine Packung machen oder ein abkühlendes Bad geben. Jedoch Voraussetzung für diese Handlung ist, daß es sich um ein kräftiges noch durch die Krankheit nicht geschwächtes Kind handelt. Ferner haben Sie die Pflicht, ein fieberndes Kind sofort von anderen Kindern zu isolieren, denn es kann sich um den Beginn einer ansteckenden Krankheit handeln. Sofortige Isolierung ist auch zweckmäßig, wenn ein Kind plötzlich anfängt zu erbrechen. Beginnt das von Ihnen gepflegte Kind Zeichen einer Darmerkrankung zu zeigen, Durchfall oder Erbrechen, so setzen Sie sofort die Milch aus und geben bis zum Eintreffen des Arztes, aber keinesfalls länger als 24 Stunden, mit Saccharin gesüßten dünnen schwarzen oder Fencheltee oder abgekochtes Wasser in beliebiger Menge, evtl. mit Saccharin gesüßt (eine Tablette Saccharin zu 0,05 auf 200 g Flüssigkeit). Wenn das Kind jede Flüssigkeitsaufnahme verweigert oder alles erbricht, so tun Sie gut ihm bis zur Ankunft des Arztes nach Verabfolgung eines einmaligen Reinigungseinlaufes einen solchen mit physiologischer Kochsalzlösung (7,5 g Kochsalz in einem Liter Wasser gelöst) zu geben. Sie lassen 2—3 mal täglich kleine Mengen bis zu 150 ccm langsam einlaufen. Es muß Ihnen gelingen, nach 24 Stunden den Arzt zu erreichen, der dann wiederum eine zweckmäßige Ernährung einleiten wird. Es wäre ganz verfehlt von Ihnen, wenn Sie nach dieser Behandlungsweise auf eigene Faust das Kind mit einer Nährmischung oder irgendeinem Präparat zu ernähren beginnen würden.

Sie müssen sich andererseits von jeder Vielgeschäftigkeit hüten, wenn sich das Kind beim Spielen in Nase oder Ohr einen Gegenstand gesteckt hat. Sie dürfen auf keinen Fall Versuche anstellen, mit Ihrem Finger oder einem Instrument die Gegenstände wieder zu entfernen, vielmehr schleunigst den Arzt aufsuchen. Das Gleiche gilt, wenn Ihnen beim Messen das Unglück passiert ist, daß Sie das Endstück des Thermometers abgebrochen haben, das im Mastdarm stecken bleibt. Sie dürfen auch nicht etwa ein Abführmittel geben, wenn Sie Grund zu der Annahme haben, daß das Kind irgendeinen Gegenstand verschluckt hat.

Heilnahrungen.

Bei der Ernährung kranker Säuglinge, insbesondere von Säuglingen, die im Gewicht nicht zunehmen oder abnehmen bzw. einen Durchfall haben, kommen auch noch andere Nährmischungen in Frage als die Ihnen bei der künstlichen Ernährung genannten. Sie haben sich durchaus nach der ärztlichen Vorschrift zu richten, die Ihnen über die Menge und Beschaffenheit der zu verabfolgenden Mischungen genaue Angaben machen wird. Sie werden unter den Verordnungen zur Heilung von Verdauungskrankheiten bestimmte Nährmischungen öfter genannt hören, wie Buttermilch, Molke, Malzsuppe, Buttermehlnahrung, Eiweißmilch und deswegen glaube ich, wenn Sie auch diese Nährmischungen niemals selbständig anwenden dürfen, einige erklärende Worte dazu sagen zu sollen. Wenn Sie Vollmilch zentrifugieren bzw. absahnen lassen, so scheidet sich die Sahne und die

Magermilch. Sowohl Sahne als auch Magermilch können nach Vorschrift des Arztes bei der Säuglingsernährung Verwendung finden. Die Sahne unterscheidet sich von der Vollmilch dadurch, daß sie nicht wie diese nur 3% Fett enthält, sondern vielmehr 10, 12, über 20%; die Magermilch hingegen enthält viel weniger als 3% Fett, oft nur $1/2$% oder noch weniger. Wenn Sie die Sahne säuern lassen und aus der sauren Sahne die Butter ausschleudern, so bleibt zurück die Buttermilch, eine Heilnahrung, welche viel Verwendung findet. Buttermilch ist also nichts anderes als eine saure Nährmischung, in der der Käsestoff durch die Säurung geronnen ist, der Milchzucker zum Teil vergoren ist, das Fett vollständig fehlt. Als Heilnahrung kommt natürlich nur eine Buttermilch in Frage, welche ganz einwandfrei gewonnen ist. Sie dürfen niemals aus einem beliebigen Laden eine solche beziehen. Um als Heilnahrung verwendet zu werden, wird der Buttermilch gewöhnlich noch eine gewisse Menge Mehl und Zucker zugesetzt. Die Menge bestimmt der Arzt. Die Buttermilch ist auch als Konserve im Handel. Die sogenannte „Eiweißmilch" ist nichts anderes als eine auf die Hälfte verdünnte Buttermilch, in die Eiweiß und Fett von einem Liter Vollmilch hineingepreßt ist. Sie wird vor ihrer Anwendung als Heilnahrung beim Säugling mit Mehl und Zucker versetzt. Auch die Eiweißmilch finden Sie als Konserve im Handel. Es kann auch zur verdünnten Milch ein Eiweißpräparat zugesetzt werden, von denen mehrere (Plasmon, Larosan, Nutrose) im Handel sind, um eine der Eiweißmilch ähnliche Heilnahrung herzustellen. Zu einer besonderen Heilnahrung wird auch eine Milchverdünnung dadurch, daß statt des gewöhnlichen Kochzuckers Malzsuppenextrakt zugesetzt wird. Es entstehen dann die sogenannten Malzsuppen. Wird zur verdünnten Milch, z. B. zu einer $1/2$ oder $2/5$ Milch Butter und Mehl zugesetzt in Form einer sogenannten Mehlschwitze, entstehen die sogenannten Buttermehlsuppen, die auf ärztliche Verordnung zur Ernährung schwer vorwärts kommender Säuglinge Anwendung finden können.

Endlich sei noch erwähnt, daß auch Molke zur Ernährung kranker Kinder vorübergehend Anwendung finden kann. Sie wird folgendermaßen hergestellt:

Ein Liter rohe Vollmilch wird mit 1—2 Teelöffel Simons Labessenz auf dem Wasserbade nicht über 40 Grad erhitzt. Nach dem Dickwerden der Milch wird der Käse in einem Haarsieb abgeschüttet und dabei die Molke durchgegossen. Statt Labessenz kann auch ein anderes im Handel befindliches Labpräparat, z. B. Pegnin angewandt werden: 10 g Pegnin werden in 1 Liter Milch gut verrührt. Die Milch gerinnt bei einer Temperatur von 40 Grad in kurzer Zeit; dann wird wie oben verfahren.

Sie ist also eine Flüssigkeit, welche keine Käsestoffe und kein Fett enthält, hingegen die Salze der Milch und den Milchzucker.

Es ist lediglich Zweck dieser Ausführungen Sie über die von Ihnen sicherlich oft gehörten Begriffe aufzuklären, nicht aber, Ihnen Anweisung zu geben, wie und wann Sie die genannten Mischungen verwenden sollen. Sie haben sich hier durchaus nach den Vorschriften des Arztes zu richten, denn jede einzelne Mischung hat ihre ganz besondere Verwendungsart. Sie ist auch keineswegs für den kindlichen Organismus gleichgültig und darf nicht länger gegeben werden, als es der Zustand des Säuglings unbedingt erfordert.

Ausführung einiger wichtiger Handgriffe und ärztlicher Verordnungen.

Händewaschen: Das Händewaschen geschieht mit warmem Wasser, Seife und Bürste unter mehrmaligem Abspülen. Die Nägel sind zu beschneiden, mit einem Nagelreiniger zu säubern und zu bürsten. Die Hände werden unter leicht massierenden Bewegungen gründlich abgetrocknet. Vor jedem chirurgischen Eingriff wird die Händewaschung verschärft, indem man 5 Minuten mit warmem Wasser, Seife und Bürste wäscht, Nägel beschneidet und bürstet, 3 Minuten wieder wäscht, mit sterilem Handtuch abtrocknet, 5 Minuten in 96%-igem Alkohol und dann 3 Minuten in Sublimat bürstet.

An- und Ablegen des Mantels. Der Mantel muß beim Anlegen hinten vollkommen geschlossen sein und wird beim Ablegen so aufgehängt, daß die linke Seite nach innen kommt.

Um- und Abbinden der Maske: Bei Anwendung einer Maske zur Verhütung der Tröpfcheninfektion bei Erkrankungen der Atmungsorgane sind Nase und Mund zu bedecken. Nach Gebrauch ist die Maske auf die mit einem Merkmale (Kreuz, Name) versehene Innenseite zusammenzufalten und in einem besonderen Tuche aufzubewahren.

Haltung des Kindes zur ärztlichen Untersuchung: Das zu untersuchende Kind wird entkleidet, gesäubert und im Bett auf eine frische Unterlage gelegt.

Beschäftigen Sie das Kind möglichst und lenken Sie dadurch seine Aufmerksamkeit von der Untersuchung ab. Vermeiden Sie eine Behinderung des Arztes durch die Arme und Beine des Kindes. Achten

Sie darauf, daß das Kind immer gut atmen kann und stets eine gerade Lage einnimmt. Halten Sie es aber nicht wie in einem Schraubstock fest, denn, in seiner Bewegungsfreiheit behindert, wird es unruhig und sich so gegen die Untersuchung sträuben. Die hauptsächlichsten Untersuchungsarten erfolgen entweder in liegender oder sitzender Stellung im Bett oder außerhalb des Bettes und richten sich nach den Wünschen des Arztes.

Die Untersuchung im Bett: Nach Untersuchung der Brustseite wird das Kind in Bauchlage gedreht, die Arme des Kindes liegen gekreuzt unter der Brust. Die Pflegerin hält ihre ausgebreiteten Hände unter den Brustkorb des Kindes. Der Kopf des Kindes liegt auf dem unteren Teil der Unterarme der Pflegerin. Nase und Mund des Kindes müssen frei sein. Bei der Untersuchung in sitzender Stellung faßt die Pflegerin die Hände des Kindes mit Daumen und Zeigefinger, ergreift den Kopf mit den übrigen Fingern, und streckt durch sanftes Emporziehen des Kopfes den Rücken des Kindes.

Die Untersuchung außerhalb des Bettes: Die Pflegerin steckt sich den Zipfel einer sauberen Windel möglichst weit nach hinten in das Halsloch ihres Kleides. Dadurch ist ihre linke Schulter, Brustseite und linker Unterarm bedeckt. Das Kind wird auf die Mitte des linken Unterarms, die Brust der Pflegerin zugewandt, gesetzt; die linke Hand der Pflegerin umfaßt dabei das Gesäß des Kindes, die rechte Hand hält durch Anlehnen des Kopfes an die linke (gleichseitige) Schulter das Kind in gerader Stellung. Die Arme des Kindes werden dabei möglichst mitgefaßt und müssen sich in gleicher Höhe befinden.

Beim Wechseln der Stellung zur Untersuchung der Brustseite gibt die Pflegerin für einen Augenblick das Kind dem Arzt und läßt es sich dann, den Hinterkopf an ihre Schulter gelehnt, unter Beachtung derselben Stellung auf den Arm setzen. Bei der Untersuchung und bei Eingriffen am Kopf, im Hals, an den Ohren, Augen, an der Nase ist es besonders bei ungebärdigen Säuglingen oft nötig, diese bis an den Hals fest in ein Laken einzuwickeln und mit den Knien und einem Arm festzuhalten.

Besichtigung des Halses: Im Bett oder auf dem Arm einer anderen. Die linke Hand auf dem Kopf des Kindes, mit der rechten Hand den Spatel — Metall-, Horn-, Glas-, Holz-, — mittels Schreibfedergriffs fassend, führt die Pflegerin etwas seitwärts vom Kind stehend vom Mundwinkel aus bei gutem Licht den Spatel — bei ungleichen Spatelenden die schmale Seite — ein und drückt den Zungengrund herunter.

Ausführung einiger wichtiger Handgriffe und ärztlicher Verordnungen. 71

Temperaturmessung: Die Temperatur wird im Mastdarm mittels eines Maximalthermometers in Seiten- oder Rückenlage des Kindes bestimmt. Der Quecksilberfaden wird durch Schleuderbewegungen unter 35,6, bei elenden Kindern noch tiefer heruntergedrückt. Die linke Hand der Pflegerin hält das am besten auf der Seite liegende der Pflegerin zugekehrte Kind während der Messung zugedeckt an dem im Hüftgelenk gebeugten Oberschenkeln und am Rücken fest und zieht gleichzeitig die Gesäßfalte bis zum Sichtbarwerden der Schleimhaut mit Daumen und Zeigefinger auseinander. Die rechte Hand führt dann das mit Wasser abgespülte, an der Spitze etwas eingefettete Thermometer bis über das Quecksilbergefäß — etwa 3 cm tief — genau in der Längsachse des Körpers in den Mastdarm ein. Wenn die Quecksilbersäule bei wiederholtem Nachsehen — meist nach 5 Minuten — nicht mehr steigt, so ist die Messung beendet. Die Temperatur wird abgelesen, das Thermometer aus dem Darm herausgezogen, und der mit Stuhlgang beschmutzte After mit einem Watte-, Jute- oder Zellstoffstück gereinigt; das Thermometer wird dann durch einen Windelzipfel hindurchgezogen, mit einem kleinen, mit desinfizierender Lösung getränkten Stück Watte oder Zellstoff oder Jute abgeputzt und in sein mit desinfizierender Lösung gefülltes an der Kuppe mit Watte ausgepolstertes Standgefäß zurückgestellt, oder wie meist im Privathaus, in seine Hülse zurückgelegt. Nach Waschung der Hände notiert die Pflegerin die Temperatur und trägt sie am besten in eine Kurve ein. Bei der Messung in Rückenlage hält die linke Hand der Pflegerin die Füße des Kindes mittels Zangengriffes bei Beugung der Beine im Hüftgelenk und gleichzeitig den Rumpf fest, während die rechte Hand das Thermometer in die durch die Haltung auseinandergezogene Gesäßfalte einführt. Sonst ist die Messung die gleiche wie in Seitenlage. Um das Abbrechen des Thermometers zu vermeiden, halte die Pflegerin das Kind nicht starr fest, sondern folge möglichst seinen Bewegungen. Bei gutem Aufpassen wird dieser Unglücksfall kaum eintreten. Jedenfalls darf die Pflegerin niemals irgendwelche Versuche machen, das abgebrochene Stück aus dem Mastdarm herauszuziehen; sie wird sofort einen Arzt benachrichtigen und bis zu seinem Eintreffen die Gesäßfalte spreizen, um eine Einklemmung des abgebrochenen Thermometers und Verletzung der Darmwand zu verhüten.

Zählen von Atmung und Puls soll möglichst während des Schlafens geschehen, da bei der geringsten Erregung Unregelmäßigkeiten auftreten können.

Auffangen von Urin: Geschieht am besten durch das Einbinden einer flachen Schüssel — möglichst Emailleschüssel — in die Windellage oder durch das Vorlegen eines sogenannten Erlmeyerkölbchens oder eines Reagenzröhrchens vor die Harnröhrenöffnung. Diese Maßnahme muß im praktischen Dienste erlernt werden.

Auffangen von Erbrochenem: Das Kind liegt mit erhöhtem Oberkörper auf der Seite und hat zur Stütze ein Sandkissen im Rücken. Wasserdichter Stoff schützt vor Durchnässung. Die zur Aufnahme des Erbrochenen bestimmte Schale wird etwas tiefer als der Kopf des Kindes gelagert.

Gemessen wird das Erbrochene in einem Meßzylinder.

Anlegen eines Nabelpflasters: Die Pflegerin drückt in Rückenlage des Kindes mit dem linken Zeigefinger den herausgetretenen Nabel mit einem der Größe des Nabels entsprechenden Stück Watte ein, schiebt mit dem linken 3. Finger und Daumen von beiden Seiten die Bauchhaut über den Nabelbruch zusammen und zieht das am linken Rippenbogen mit der rechten Hand befestigte 3—4 cm breite Pflaster kräftig über die in der linken Hand gehaltene Hautfalte bis zum rechten Rippenbogen hinweg.

Anlegen von Armmanschetten: Ein durch Einweichen in Wasser rund gebogenes und wieder getrocknetes, mit Watte umwickeltes der Größe des Armes entsprechendes Pappstück oder ein mit Watte umwickelter Heftdeckel werden bis zur Mitte des Oberarms und bis zum 2. Drittel des Unterarms angelegt. Der untere Rand der Jackenärmel wird über die Manschette hinübergezogen und dann das Ganze mit einer Binde befestigt.

Anlegen einer Ekzemmaske: In ein der Gesichtsgröße des Kindes entsprechendes Stück frisch gewaschener, alter Leinwand werden für Augen, Nase und Mund hinreichend große Öffnungen geschnitten. Die dann mit der ärztlich verschriebenen Salbe bestrichene Maske wird nach oben bis zur Haargrenze, beiderseits bis zur Grenze des Ohrdeckels nach unten bis über das Kinn hinweg dem Gesichte des Kindes glatt angelegt und mit Bindentouren um den Kopf befestigt. Nach ärztlicher Vorschrift wird das Schädeldach ebenfalls mit einem entsprechend vorbereiteten Stück Leinwand bedeckt und durch die Bindentouren mit der Maske zusammen festgelegt. Wenn die Salbe dazu bestimmt war, eingetrocknete Borken aufzuweichen, um sie zu entfernen, so kann nach 12 Stunden der Kopf mit Seife (am besten grüner Seife) abgewaschen und mit einem Staubkamm abgekämmt werden.

Bei Ungeziefer (Läuse) wird eine sogenannte **Sabadyll-essigkappe** angelegt. Watte oder Tupfermull werden in die Flüssigkeit getaucht, ausgedrückt und gut auf den Kopf (Haare locker auseinander genommen) gelegt. Darüber wasserdichter Stoff und Binde (Kopfverband). Am Morgen wird der Kopf gründlich mit grüner Seife gewaschen und gekämmt. Die Kappe wird verbrannt. Vorsicht ist geboten, da Sabadyllessig giftig ist.

Klystiere: Vor dem Gebrauch sind die in den Darm einzuführenden Ansätze zu kontrollieren, damit nicht durch scharfe Ecken die zarte Schleimhaut des Darms, besonders bei unverhofften Bewegungen des Kindes, verletzt wird. Stets ist in den Darm ein weiches Gummirohr einzuführen.

Mit der Spritze: abführende Klystiere: in einer auf ihre Dichtigkeit nach bekannter Art zu prüfende, ungefähr 100 ccm fassende Hartgummispritze werden ungefähr 50 ccm körperwarmen Kamillenaufguß oder lauwarmen Wassers — bei ziemlich hartnäckigen Fällen von Verstopfung warmen Olivenöls — aufgezogen.

Das Kind liegt in Rücken- oder Seitenlage auf einer wasserdichten Unterlage. Während die Pflegerin mit ihrer linken Hand die Gesäßfalte des Kindes spreizt, führt sie mit ihrer rechten Hand ein mit Vaselin oder Öl bestrichenes, etwa 2 Finger langes Darmrohr 10 cm weit vorsichtig in den Darm ein, setzt die Spritze auf und entleert sie unter leichtem Druck. Dann werden Spritze und Darmrohr unter Zusammendrücken der Gesäßfalten langsam aus dem Darm herausgezogen und die Gesäßbacken weiter solange zusammengedrückt gehalten, bis das Pressen des Kindes aufgehört hat.

Ernährende und medikamentöse Klystiere: Dem Nährklystier hat ein Reinigungsklystier mit lauwarmem Wasser vorauszugehen. Das Becken des Kindes ist durch eine mit einem Leder geschützte Rolle mäßig hoch zu lagern. Die Einlaufflüssigkeit wird vom Arzte bestimmt (physiologische Kochsalzlösung siehe Seite 67); die Ausführung ist die gleiche wie bei dem abführenden Klystier.

Mit der Ballonspitze: Die Anwendung einer Ballonspritze ist nur bei abführenden, kleineren Einläufen zu empfehlen. Bei Vorhandensein eines harten Auslaufrohres an der Spritze ist über dieses ebenfalls ein weiches Gummirohr zu ziehen. Die einzuspritzende Flüssigkeit beträgt 30—50 ccm, sonst ist die Ausführung die gleiche, wie bei dem abführenden Klystier.

Mit dem Irrigator oder mit dem Trichter und Schlauch, in Anwendung bei allen Klystieren je nach Gewohnheit:

Der Irrigator (Gefäß, Schlauch, Glaszwischenstück, Darmrohr) wird nach der bekannten Art gefüllt und in das Darmrohr eingeführt. Ist statt des Glaszwischenstücks nur ein Hartgummizwischenstück mit verstellbarem Hahn vorhanden, so ist der Stellhahn nur vorsichtig langsam aufzudrehen.

Darmspülung (meist ausgeführt mit Trichter und Schlauch): Die Pflegerin hat eine Gummischürze vorgebunden. Das mit dem Oberkörper zugedeckte, mit Strümpfen versehene Kind liegt in Rückenlage quer entweder im Bett oder auf dem Wickeltisch. Eine wasserdichte Unterlage, unter das Gesäß des Kindes geschoben, hängt zum Ablaufen des Spülwassers in einem Eimer. Das Kind wird mit an den Bauch angezogenen Oberschenkeln und gebeugten Knien gehalten. Nach dem etwa 10 cm weiten, unter Drehbewegungen erfolgenden Einführen der eingefetteten weichen Sonde in den Darm wird der mit der Spülflüssigkeit gefüllte Trichter (2—300 ccm lauwarmen Wassers oder Kamillenaufgusses) nach Entfernung der Luft aus dem Schlauche mit der Darmsonde verbunden. Stößt die Pflegerin schon bei Einführen der Darmsonde auf ein Hindernis (Schleimhautfalte, Kotballen), so hat sie die Spülflüssigkeit schon während des Einführens der Sonde laufen zu lassen. Die Druckhöhe soll im allgemeinen nicht mehr als ca. 1 m betragen und richtet sich in ihrer Regulierung nach dem stärkeren oder schwächeren Pressen des Kindes. Nach Einfließen der Spülflüssigkeit wird der Trichter langsam gesenkt, bis die Spülflüssigkeit mit Darminhalt in den darunter stehenden Eimer gelaufen ist. Die Spülung wird wiederholt, bis das abfließende Spülwasser klar ist.

Magenspülung bzw. Ausheberung findet im Bett, auf dem Wickeltisch oder bei größeren und sich sträubenden Kindern auf dem Schoße der Pflegerin (siehe Untersuchung Seite 69) statt. Das Kind ist in ein Laken und zum Schutze gegen Durchnässung in einen darüber liegenden Gummistoff eingeschlagen, dessen unterer Rand in einen am Boden stehenden Eimer hängt.

Die Pflegerin hat einen Trichter, einen 1 m langen Gummischlauch mit spitz auslaufendem Glasverbindungsstück, eine 6—8 cm starke Magensonde, körperwarme vom Arzt bestimmte Spülflüssigkeit in einem möglichst graduierten Gefäß und ein Auffangegefäß vorbereitet. Die Ausführung der Spülung ist Sache des Arztes.

Lagerung bei Erkrankung der Atmungsorgane. Der Oberkörper des Kindes ist durch eine stellbare Rückenlehne oder durch eine Fußbank in bekannter Weise hochgelagert. Unterhalb der Schulterblätter wird in der Gegend der mittleren bis unteren Brust-

Wirbelsäule ein zusammengerolltes Kissen oder eine zusammengerollte Windel untergeschoben. Dadurch werden das Einsinken des Kopfes zwischen die Schulterblätter und die dadurch hervorgerufene Behinderung der Atmung vermieden. Um ein Herunterrutschen des Körpers zu verhindern, wird in die Kniekehlen eine dünne Rolle aus zusammengelegten Windeln eingeschoben.

Das Kind liegt möglichst auf der kranken Seite; die Lage ist jedoch häufig zu wechseln. Das Kind ist viel herumzutragen; ferner ist auch zwischen Bauchlage, seitlich liegender oder sitzender Stellung auf dem Arm der Pflegerin abzuwechseln.

Lagerung bei Ausfluß aus den Augen bzw. aus den Ohren: Das Kind liegt auf der Seite des kranken Auges bzw. Ohres. Das aufgelegte bzw. eingeführte Gazestück ist häufig zu wechseln. Bei Wundsein der Ohrmuschel durch erbrochene Massen wird das Kind auf die Seite des gesunden Ohres gelagert.

Anwendung von Wärmekrügen (Weißbierflaschen): Vor Gebrauch hat die Pflegerin sich von der Dichtigkeit der Flasche zu überzeugen. Sie stellt dazu die mit heißem, nicht mit kochendem Wasser bis zu $3/4$ des Inhalts gefüllte und mit Patentverschluß versehene Flasche auf den Kopf und beobachtet, ob sie dicht hält. Es sind Fälle von gräßlichen Verbrennungen bekannt, wobei ein Glied amputiert werden mußte, da das Kleine zu schwach war, um selbständig Händchen und Füßchen wegziehen zu können. Die Wärmeflasche wird mit einer aus dickem, wollenem Stoff bestehenden Hülle versehen oder mit einer Windel umwickelt und so ins Bett gelegt, daß der Verschluß kopfwärts liegt und das in der Mitte des Bettes lagernde Molton zwischen Kind und Wärmeflasche zu liegen kommt. Bei Anwendung von mehreren Wärmeflaschen zu gleicher Zeit werden diese zu beiden Seiten des Kindes, an den Füßen und am Kopf gelagert. Die Wärme hält sich ungefähr $1\frac{1}{2}$—2 Stunden. Bei mehreren Flaschen hat die Erneuerung hintereinander stattzufinden.

Die verschiedenen Arten der Packungen und Umschläge: Die Wasserbehandlung. Vom Wasser wird heutzutage bei der Krankenbehandlung der ausgiebigste Gebrauch gemacht. Das Vöglein, das am Teichesrand mit seinen Flügeln plätschert, das Tier, das seine Wunde im Flusse kühlt, mußten uns nach langer wasserscheuer Zeit den richtigen Weg weisen. Jetzt haben zahlreiche Gelehrte die Wirkung des kalten und warmen Wassers auf die Haut und die Organe genau studiert. So wohltätig jene Wirkung bei richtiger Anwendung ist,

auer möglich, je nach dem Zweck, der erreicht
Sie den Arzt jedesmal genau nach den Einzel-
während und nach der Ausführung sorgfältig
utfarbe und Puls, damit Sie ausführlich über
können.

rme hydropatische Umschlag: Man
der Wickeltisch ein Flanell- oder wollenes Tuch,
sserdichten Stoffs (Guttapercha, Billrothbatist
über breite man ohne Falten ein vierfach
kühles (stubenwarmes) Wasser getauchtes und
es, nicht mehr tropfendes Tuch aus, lege das
n Körperteil darauf, schlage nach beiden Seiten
befestige mit den am Flanelltuch angehefteten
wasserdichten Stoffs muß das feuchte Tuch um
gen. Der Umschlag bleibt 3—4 Stunden, oft

dichten Abschluß bildet sich infolge der Körper-
e warme Dunstschicht, welche die Hautgefäße er-
Blut in die Oberfläche des umwickelten Gebietes
Schmerzen gelindert, Krankheitsstoffe aufge-
gefördert. Gleichzeitig wird auch den tieferen
, was ebenfalls vielfach erstrebt wird. Wegen
g und ungenügenden Verdunstung ist dieser
Fieber nicht empfehlenswert.
er manchmal bei längerem Gebrauch ein-
der Haut nicht so zu empfehlen, wie der
a g. Wird bei den feuchtwarmen Umschlägen der
ortgelassen, so entsteht der Prießnitzumschlag.
ist die gleiche. Die Wirkung dieses Umschlages
chtwarmen Umschlages, indem zuerst durch Zu-
utgefäße eine Wärmeentziehung eintritt, wobei
nern fließt, und dann bei Erweiterung der Blut-

nem warmen Tuch oder warmer Watte
n sollen sich die Umschläge heiß anfühlen,
n die Umschläge längere Zeit angewendet,
maligem Wechsel sauber mit lauwarmem
ichst eingefettet werden, damit nicht Ge-

nsamenmehl oder Hafergrütze werden zu
Eßlöffel auf einen halben Liter Wasser),
mengelegtes Tuch eingeschlagen, zu einem
nze wird mit einem wollenen Wickel be-

ten 2—3 solcher Umschläge her und tauscht
n einen über kochendem Wasser in einem
nem sogenannten Kataplasmawärmer er-
durch Oleinreibung vor Verbrennung zu
rfolgt etwa alle Stunde (feuchte Wärme).
man sich am besten durch Anwendung von

n g e n :

f einer großen wollenen Decke werden
⁰ getauchte, gutausgerungene große Win-
d zwar so, daß die kopfwärts liegende
wärts gelegene um ungefähr 10 cm
unter den Armen hindurch um das nackte
e Arme fest über der Windel dem Körper
d die kopfwärts liegende Windel über den
m das Kind gewickelt und die Wolldecke
das unangenehme Reiben der Wolldecke
nes weiches Leinentuch untergelegt. Bei
e schon an sich kalte Glieder haben, werden

Die Packung bewährt sich besonders bei hochfieberhaften Krankheiten; sie soll so rasch als möglich vor sich gehen, ihre Dauer 10—30 Minuten betragen. Sie wird meist mehrmals hintereinander wiederholt, und am zweckmäßigsten bereitet man sich dazu eine zweite Stofflage sofort vor.

Teilpackung: Die Stofflage — Wolldecke, Leinentuch — wird den bestimmten Körpergegenden (Brust, Arm, Kopf u. a.) angepaßt vorbereitet. Die Packung wird wie oben angegeben ausgeführt.

Auf folgendes ist besonders zu achten. Der kalte Wickel erfüllt nur dann seinen Zweck, wenn der Kranke nach den anfänglichen Kälteschrecken sich nach einigen Minuten darin wohl fühlt, wenn die anfangs zusammengezogenen Hautgefäße sich wieder erweitern, die Haut sich rötet, und in diesem Zustande das Blut abgekühlt werden kann. **Fröstelt der Patient jedoch, und bleibt seine Haut sehr blaß, oder wird sie gar bläulich, so ist er sofort herauszunehmen,** da das nicht abgekühlte Blut sich im Körperinnern staut und sich noch mehr erhitzt.

Die Packung ist nur auf ärztliche Verordnung hin auszuführen und es ist dabei ständige aufmerksame Beobachtung erforderlich. Nach Abnehmen der Packung ist wie bei den Umschlägen zu verfahren.

Erwärmende Packung: Auf einer wollenen Decke wird ein in warmes Wasser getauchtes, gut ausgerungenes nicht tropfendes Laken glatt gelegt; dann wird das entkleidete Kind darin eingehüllt und in ein angewärmtes Bett gelegt.

Die Packung ist möglichst alle Viertelstunde eine Stunde lang bis zur Feststellung normaler Körpertemperatur zu erneuern.

Schwitzpackung: Bei längerem Liegenlassen der abkühlenden Packungen wirken diese schweißtreibend als Schwitzpackung. Man kann die Schwitzpackung auch folgendermaßen vornehmen:

Nach einem kurzen heißen Bade von einer Temperatur bis zu 40° Celsius wird das Kind in ein in das Badewasser getauchtes und gut ausgedrücktes nicht mehr tropfendes Laken gewickelt und in einer wollenen Decke in ein mit Wärmflaschen gewärmtes Bett gelegt. (Siehe Seite 75). Der Hals wird durch ein Leinentuch gegen das Reiben der Wolldecke geschützt. Dann wird das Kind gut zugedeckt und bekommt möglichst heißen sacharingesüßten Tee zu trinken. Die Dauer dieser Packung richtet sich je nach ihrer Wirkung und soll vom Augenblick des Schweißausbruches nicht mehr als eine Stunde betragen. Nach Beendigung der Schwitzpackung muß das Kind gut frottiert bzw. mit Franzbranntwein abgerieben werden.

Es sprang und lief über Stein und Sand,
   es rauschte durchs nasse Kraut.
Der Hofhund heulte winselnd,
   des Försters Hund gab Laut.
Der weiße Nebel qualmte,
   der Haushahn rief im Stall,
und leis und leiser ging das Krähn
   flußaufwärts wie Widerhall.

Schwerfällig schritt die Frau ans Land,
   Da blinkte was im Kies.
Es klapperte wie Geld im Sand,
   wohin ihr Absatz stieß.
Der Knecht der las es knieend auf,
   an hundert Stück und mehr,
so kantig, dünn und grünbereift,
   nur eins war rund und schwer.

Die bunte Tasche wurde voll,
   sie trugen es ins Haus
sie schütteten es wie Erbsen
   auf der eichenen Tombank aus,
der Taler rollte aus dem Berg,
   bis er an den Leuchter schlug,
das klang so hell, das klirrte lang
   verzitternd durch den stillen Krug.

Sie wendeten ihn hin und her,
   sie hielten ihn ans Licht.
Die abgegriffne Schrift am Rand
   entzifferten sie nicht.
Noch sah man an dem einen Bild,
   wie künstlich es geprägt,
wie ein gekrönter Adler wars,
   der Wappenschild und Zepter trägt.
Doch halb verlöscht war schon das
   [Haupt,
   das auf der andern Seite stand.
Ein mächtiges Haupt mit Helm und
   [Kranz — —

Doch keiner hat es mehr gekannt.

Die Anderen

Es war an einem heißen Spätsommertag am Nachmittag. Käthe war in der Stadt und die andern wollten mit den Hängematten nach der Wiese gehen oder an den Wurzeln lagern. Die Sonne, die noch bis Mittag über dem Wald geglüht hatte, war schon eine Weile fort. Erika würde nicht zum Spielen kommen. Ich hatte gar keine Lust dazu und tat als hörte ich es nicht, wie die Kinder von der Hecke her nach mir riefen. Ich stand hinten im Hof, wo Minna am Holzstall Wäsche weichte, patschte in der schäumenden Lauge und sah nicht nach dem Gartentor als das Marthachen, ausgeschlafen und rosig

Mir fiel ein, daß ich in der ganzen Zeit nie gefragt hatte, wo Erika wohnte, ja nicht einmal aufgemerkt hatte, von wo sie kam, oder wohin sie nach dem Spielen ging. Käthe würde es wissen. Aber die konnte ich nicht fragen. Es kam mir traurig und ein bißchen ängstlich vor daß Käthe so weit fort war. Auch Minna schien auf einmal ganz weit weg.
Es wurde dunkler. Blauschwarzes, zerrissenes Gewölk zog über den Himmel, der bisher gleichmäßig silbergrau gewesen und ein fahles schattenloses Traumlicht ausstrahlte. Aber nur oben jagten die Wolken. Hier hatte sich der Wind, der seit Mittag heiß und stoßweise durch die Bäume fuhr, ganz gelegt. Noch war das Haus nah, eine der weißen Gardinen hing aus einem Fenster, ich sah noch den gedeckten Kaffeetisch auf der Veranda — aber ich lief vorbei und über den ausgeglühten Rasen, an die ziegeltrocke-

Bitte, machen Sie mit! Wir starten einen kleinen Lehrgang für Mütter un
daß es keinem Vater schadet, wenn auch er s

Eine Stunde

Was gehört zu einer Babyausstattung?

Es ist selbstverständlich, daß man sich während des Krieges, auch in bezug auf die Säuglingsaussteuer, auf das notwendigste Mindestmaß beschränken muß. Doch wird es geschickten Händen sicher gelingen, aus alten Leinen- und Wäschestoffbeständen des Haushalts, Resten oder schadhaften Bekleidungsstücken manches Nützliche selbst zusammenzuschneidern. Auch pflegen Verwandte und Freunde, deren Kinder bereits herangewachsen sind, gerne etwa noch vorhandene Babysachen auszuleihen. Denn kein Säugling trägt seine Wäsche ab. Und je mehr Kinder in die kleinen Hemdchen hinein- und aus ihnen wieder herauswachsen, desto wertvoller werden die Garnituren. Der Normalbestand der Ausstattung umfaßt:

24	Windeln	1	Badetuch
12	Unterlagen	2	Waschlappen
3	Wickeltücher	4	Lätzchen
2—3	mal Bettwäsche	1	Ausfahrjäckchen und Mützchen
6	Hemdchen		einige Strampelhöschen
6	Jäckchen		Fausthandschuhe
3—4	Nabelbinden		Strümpfe

Erziehung zum „Durchschlafen"

Jeder gesunde Säugling kann dazu erzogen werden, die Nächte ohne Störung durchzuschlafen. Doch muß diese Erziehung, wenn sie Erfolg haben soll, schon am ersten Lebenstag beginnen und nach sechs Wochen abgeschlossen sein. Gelingt das nicht, sind nicht die Kinder, sondern die Mütter daran schuld. Während der ersten sechs Wochen darf sich die Mutter durch kein falsches Mitleid dazu verführen lassen, beim ersten Schrei des Kindes sofort aus dem Bett zu springen und besorgt an sein Lager zu eilen. Die geringste derartige Verwöhnung hat zur Folge, daß das Baby in den nächsten Nächten unweigerlich das gleiche Alarmsignal wiederholt. Weiß man es gut versorgt, soll man es ruhig eine Weile schreien lassen. Es wird sich, sieht es seine Bemühungen um eine kurzweilige Nachtunterhaltung erfolglos, sehr bald von selbst wieder beruhigen. Im übrigen bedeutet beim Kleinkind das Weinen ohne Tränen niemals ein Schmerzanzeichen. Es ist sogar eine ausgezeichnete, von Zeit zu Zeit dringend notwendige Übung zur Kräftigung der Lungen.

Kinder müssen Bewegung haben

Das bestgepflegte Kind ist dasjenige, dessen Organe und Widerstandskräfte am besten entwickelt sind. Das geschieht nicht durch Schonung, sondern durch Übung. Jedes Kleinstkind braucht ein beträchtliches Maß von täglicher Muskelarbeit. Es ihm vorzuenthalten oder es daran zu hindern, heißt seiner Gesundheit zu schaden. Selbst eine von Geburt weniger kräftige Anlage kann in den für den Körper entscheidenden frühen Lebensjahren noch durch regelmäßige Entwicklung ausgeglichen werden. Schon vom dritten Monat an sollte man daher beim Zurechtmachen täglich ein paar Minuten mit dem Säugling turnen. Dabei empfehlen sich vor allem folgende Übungen:

1. Während der Säugling flach auf dem Rücken liegt, umfaßt man mit jeder Hand eines seiner Handgelenke und führt seine Arme zehnmal in Schulterhöhe auf und ab.

Baby wird gefüttert

Das Kind ist da! Die ersten Tage haben Mutter
liebevollen Obhut der Pflegerin in der Klinik
Hause verbracht. Die Hauptsorge der Mutter ist
gerichtet.

Mit der ersten Mahlzeit um 6 Uhr in aller Früh
Die anderen Mahlzeiten folgen um 10, 14, 18 un
bekommt das Kind also zu trinken, und diese Ze
einzuhalten. Auch wenn die Mutter einmal nervö
wichtigen Dingen in Anspruch genommen ist, dar
Mitleidenschaft gezogen werden. Der Säugling w
Stimmung reagieren, so eng ist er seelisch mit

Muttermilch ist die einzig richtig zusammenges
Kind. Sie enthält alle Stoffe, die der kleine
braucht und schützt vor vielen Krankheiten, de
weit hilfloser ausgesetzt ist. Die Sterblichke
bekanntlich bedeutend geringer als bei künstli
Das Stillen birgt aber auch Vorteile für die M
die Rückbildung der Organe, die beim Wachsen d
Geburt in Anspruch genommen wurden, und wenn ma
nach dem Wochenbett aufgeblüht, ja, sogar schö
es nicht nur auf den Ausdruck inniger Mütterli
sondern rein körperlich wirkt hier das Stillen
das Stillen auch Sorge und Arbeit, denn die Mu
Babys Nahrung nicht den Kopf zu zerbrechen.

Flaschenkinder erhalten eine Mischung aus Kuhm
Schleim, der aus Haferflocken, Grütze, Graupen
wird. Da diese Dinge nicht immer vorhanden sin
kochung genommen werden, die man sonst nur ält
trinken gab. Wenn eben möglich, wechsle man mi
kochung ab. Die künstliche Ernährung ist nur u
Arztes oder der Fürsorgestelle durchzuführen,
schung sind für jedes Kind verschieden.

Das Kind wird erwartet.

Die werdende Mutter soll sich auch in dieser s[...] Baby freuen. Sie kann, trotz aller kargen Mitte[...] dass der Lebensanfang am Ende eines furchtbaren[...] blühendes, tatkräftiges Menschenleben mündet: [...] Ehe das Kind geboren ist, beginnt schon seine [...] notwendig, dass die werdende Mutter übertrieben[...] ihren Zustand nimmt oder verlangt: aber schwere[...] Hochlangen, allzu langes Sitzen, zu langes Ste[...] sollte sie vermeiden. Überanstrengung und star[...] können schädlich sein. Sauberkeit und Körperpf[...] pflege, sind wichtiger noch als sonst. Es ist [...] Freien zu bewegen, auch wenn das Wetter nicht [...] das belebt den Blutkreislauf, kräftigt die Kör[...] Geburt und tut auch dem Kinde wohl. Gymnastisch[...] Aufsicht eines Arztes und unter Anleitung von [...] kräften. Die Ernährung soll möglichst vitamin-[...] Kalk ist zum Beispiel in Milch enthalten, ausse[...] die der Arzt verschreiben kann, und Vitamine be[...] Gemüse und Fruchtsäfte. Hagebuttentee ist ein [...] Fruchtsäfte nicht erreichbar sind. Blutwurst wi[...] man bevorzuge Mischbrot vor Weissbrot. Regelmäs[...] Arzt ist erwünscht und wirkt beruhigend, wenn s[...] Schwangerschaftsbeschwerden einstellen. Gegen [...] Krampfadern helfen gut warme Fussbäder, kalte F[...] Beinmassagen. Beim Sitzen lagert man die Füsse [...] dass sie immer warm sind. Bei geschwollenen Bei[...] Aufregung und Ärger soll man vermeiden, sie sch[...] Das sind, man könnte sagen, die inneren Vorbere[...] die äusseren: die Beschaffung der ersten kleine[...] beschafft werden kann, hängt von den Umständen [...] die nur Anhalt sein sollen, geben ein Mindestma[...] 3 bis 4 Jäckchen, 2 bis 3 Nabelbinden, 10 dünne[...] timeter im Quadrat, und ebenso viele dickere au[...] gen, etwa 30 zu 40 Zentimeter gross. 3 bis 4 Wi[...] gem Stoff, Grösse etwa 70 zu 80 Zentimeter. Mit[...] dann noch Lätzchen an und Windelhöschen, die di[...] setzen. Für den Aufenthalt im Freien sind Jäcke[...] Fäustlinge nötig, evtl. auch Strampelsack oder [...]

Senfbrei in mäßig dicker Lage bestrichene Windeln
tkleidete Kind, wie bei der Ganzpackung Seite 77
lagen und in die vorher zurechtgelegten Decken bis
lt.

n sind vorher mit Salbenläppchen zu bedecken;
bei kleinen Mädchen durch Tupfer zu schützen, die
e verstopfen. Um den Hals wird ein in lauwarmes
id ausgerungenes Tuch gelegt. Man läßt das Kind
 Packung liegen, bis man sich durch Abheben
 die Haut rot geworden ist, reinigt es in einem
en Bade von den ihm anhaftenden Senfteilchen
 ein Badetuch gewickelt — unter Anwendung von
ett nachschwitzen. Die Packung darf nur auf An-
id möglichst in seiner Gegenwart gemacht werden.

 Der Senfbrei wird wie vorher angerührt, heiß
vischen 2 Mullwindeln ausgestrichen und ein-
ize wird wie ein gewöhnlicher feuchtwarmer Um-
uf den bestimmten Körperteil gelegt. Die Dauer
s zur Rötung der Haut bzw. $1/2 - 3/4$ Stunde.
ie Haut mit lauwarmem Wasser abzuwaschen und
Auch der Senfwickel darf nur auf Anraten des
it in seiner Gegenwart gemacht werden.

je Bäder: Vorausschicken wollen wir, daß die Zu-
Zeitdauer aller dieser Bäder in jedem einzelnen
a bestimmen sind.

: Auf ein Säuglingsbad von 50 Liter gibt man
ctersalz in steigenden Mengen bis zu einem Pfund.
 sofort dem Arzte zu melden.

nden gekocht, durchgeseiht und die Brühe dem Bade zu-

nbad: 50 g werden dem Bade zugesetzt.
bad: 20 g werden dem Bade zugesetzt.
elbad: 20 g Schwefelleber werden in einem Tassen-
Wassers aufgelöst und dann dem Bade zugesetzt. Keine
sondern Holzwanne.

ab: 3—5 Hände voll möglichst frisch gemahlenen Senf-
, wie bei der Senfpackung beschrieben (Seite 79) an-
em Badewasser zugesetzt. Im Bade wird der Körper des
en, bis die Haut rot ist. Vor dem Bade sind die Ohren
u verstopfen, im Bade ist ein nasses Tuch vor das
chutz gegen die Dämpfe zu halten. In einem anderen
maler Badetemperatur wird das Kind von dem an ihm
f befreit.

angansaures Kalibad: Von einer starken wässe-
ber schwarzroten Krystalle (1—2%) wird bis zur rosa-
ng dem Badewasser zugesetzt.

matbad: Eine Sublimatpastille von 1 g wird in einer
ge warmen Wassers aufgelöst und diese Lösung dem
ugesetzt.

gansaures Kali und Sublimat sind Gifte. Damit nichts
b, ist der Kopf des Kindes im Bade hochzuhalten. Des-
glichst eine zweite Pflegerin ihre linke Hand unter das
des und hält zur Vermeidung vor Bewegungen mit ihrer
bie Hände des Kindes fest.

bad: Das entkleidete Kind wird mit durch Watte ver-
t in ein gewöhnliches Bad gesetzt, das man durch Hinzu-

fügen von heißem Wasser vom Fußende aus auf eine Temperatur von 40° Celsius erwärmt. Nach kräftigem Reiben der Haut wird das Kind aus dem Wasser herausgehoben, und ihm möglichst von einer zweiten der ersten gegenüberstehenden Pflegerin ein kalter Guß von etwa $1/2$ Liter Wasser über die Brust verabfolgt. Durch Vorhalten ihrer rechten Hand vor den Mund des Kindes schützt die erste Pflegerin das Kind vor dem Wasserschlucken. Nach wiederholtem Reiben der Haut und tüchtigem Aufschreien wird das Kind wieder bis zum Halse untergetaucht, in Bauchlage gebracht und ebenso abgegossen. Ein dritter Abguß auf die Brust folgt dann wieder nach abermaligem Umdrehen. Nach erfolgtem Aufschreien und Untertauchen wird das Kind aus dem Bad herausgenommen, abgetrocknet, angezogen und ins Bett gelegt. Auf besondere ärztliche Verordnung kann das Kind noch im nassen Badetuch nachschwitzen. Frühgeburten, wenn sie sehr schwächlich sind, werden nicht abgegossen, sondern mit der in kaltes Wasser getauchten Hand der Pflegerin abgespritzt.

Schmierseifeneinreibung: Ein haselnußgroßes Stück medikamentöser Schmierseife wird auf der vorgeschriebenen Stelle des Körpers etwa 10 Minuten lang mit der Hand bis zur Rötung der Haut verrieben. Der entstehende Schaum wird in einem Bade abgespült. Dauer und Häufigkeit der Einreibung bestimmt der Arzt, dem sofort starke Reizung der Haut zu melden ist.

Eingeben von Medikamenten: Feste oder pulverförmige Medikamente werden in wenig Flüssigkeit (Wasser, Milchmischung) gelöst bzw. angerührt. Die schlecht schmeckenden werden mit Saccharin, Himbeersaft u. dgl. gesüßt.

Das Eingeben erfolgt mit möglichst geringer Menge Flüssigkeit mittels Löffel, Pipette, Schnabeltasse oder aus der Flasche bei mäßig erhöhtem Kopf, indem die Pflegerin durch Druck von Daumen und Zeigefinger den Mund des Kindes öffnet.

Einspritzungen von Arzneilösungen unter die Haut (subkutane Injektionen): möglichst nur auf Anordnung des Arztes mit einer 1 ccm-Spritze. Diese soll aus Glas mit Metallfassung bestehen und mit einem eingeschliffenen Metallkolben versehen sein. In neuester Zeit werden meist die sogenannten „Rekordspritzen" verwandt. Die einzelnen Teile und die möglichst feine Nadel — diese zur Vermeidung einer Verstopfung mit feinem Draht (Mandrin) — werden vor dem Gebrauch sterilisiert und mit desinfizierten Händen zusammengesetzt. Das Medikament wird aufgesogen, die in der Spritze noch vorhandene Luft durch Druck auf den Stempel herausgedrängt und die gewählte Hautstelle mit einem Desinfiziens gereinigt. Nach seitlicher Verschiebung der Haut erhebt die Pflegerin mit der linken Hand eine Hautfalte an der Streckseite der Arme oder der Beine, an der Brust, am Bauch, sticht in deren Längsrichtung zum Herzen zu schnell ohne zu bohren wagrecht ein und drückt mit der rechten Hand langsam den Inhalt heraus, wobei die linke Hand die Nadel an ihrem Ansatz festhält. Nach schnellem Herausziehen der Nadel wird die entstehende Quaddel mit einem kleinen Bausch Watte oder Gaze leicht verstrichen, die Stichöffnung mit einem kleinen Stückchen Gaze bedeckt und mit einem Pflaster verschlossen. Die wichtige Ausrechnung der einzuspritzenden Arzneilösung muß die Pflegerin gründlich im praktischen Dienst erlernen.

Kochvorschriften.

Schleim ist eine Abkochung von Getreidekörnern.

Verwendet werden: H a f e r, gequetscht als Haferflocken, geschrotet als Hafergrütze. G e r s t e, als verarbeitete Gerstenkörner, das sind Rollgerste oder Graupen. W e i z e n, zerkleinert und geschält als Grieß. R e i s.

Je nach dem Alter bzw. der gegebenen Vorschrift ist die vorgeschriebene Getreideart tee- bis eßlöffelweise auf 1 Liter Wasser zu verwenden. (Siehe Tabelle Seite 83). Man weicht die bestimmte Menge ein, setzt sie dann mit der für die betreffende Verordnung notwendigen Menge Wassers an, läßt Schleim von Flocken 20—25 Minuten, solchen von Grütze und Grieß 40—50 Minuten, solchen von Graupen und Reis 2—3 Stunden kochen, gießt das Ganze durch ein Sieb und ersetzt die durch Kochen verdunstete Menge Wasser.

Mehlabkochungen sind Abkochungen von Mehlarten.

Verwendet werden: W e i z e n m e h l, H a f e r m e h l, R o g g e n m e h l, K a r t o f f e l m e h l, R e i s m e h l, M a i s m e h l, im Handel als Maizena und Mondamin.

Man verquirlt 2—3 Eßlöffel Mehl mit einer kleinen Menge kalten Wassers (zirka $1/4$ Liter) und gibt die ganze Menge zu dem Rest des zum Kochen gebrachten Liter Wassers, läßt gegen 10 Minuten kochen, gießt durch ein Sieb und ersetzt die durch Kochen verdunstete Menge Wasser.

	Teelöffel g	Kinderlöffel g	Eßlöffel g
Haferflocken[1]	3	5	8
Hafergrütze	4	10	14
Graupen	5	11	19
Grieß	3	7	14
Reis	5	8	16
Weizenmehl	3	6	10
Hafermehl	3	6	10
Reismehl	4	11	17
Maismehl	3	6	10
Kochzucker	4	10	15
Milchzucker	3	8	12
Nährzucker	3	7	12

Brühgrieß (Anfangsbeikost). In ungefähr 100 ccm — einer mittleren Tasse — Fleischbrühe wird ein Teelöffel Grieß = 3 g aufgekocht.

Fleischbrühe ist eine Abkochung von beliebiger Art Fleisch (Rind-, Kalb-, Geflügel oder Knochen). In einem Liter kalten Wassers werden 1/4 Pfund Fleisch oder 3/4 Pfund Knochen 45 Minuten gekocht. Die Abkochung wird mit dem Löffel abgeschöpft und durch ein Sieb gegossen. Steht Fleischbrühe nicht zur Verfügung, so nimmt man statt dessen Gemüsewasser oder reines Wasser und fügt ein walnußgroßes Stück Butter und etwa einen halben Teelöffel Salz hinzu.

Grießbrei: Feiner Grieß wird mit Milch, 10 g auf 100 ccm, 20 Minuten zu einem Brei verkocht; dazu werden auf 100 g 6 g Zucker und eine Prise Salz getan.

Reisbrei: 1 Eßlöffel gewaschener Reis wird ungefähr 1—1 1/2 Stunden mit 200 ccm Wasser, Milch oder Fleischbrühe bis zum vollkommenen Weichwerden gekocht, durch ein Sieb gestrichen und mit einer Prise Salz und einem walnußgroßen Stück Butter angerichtet.

---

[1] Zum Abwiegen der festen Substanzen dient eine sehr praktische nach Art der Briefwage konstruierte Wage nach Peiser, die bei M. Pech-Berlin bezogen werden kann.

Die oben angegebene Tabelle gibt einen ungefähren Anhalt für das im Haushalt gebräuchliche Abmessen mit Löffeln. Bezogen ist auf den gestrichenen Löffel.

Milchreis: 1 Eßlöffel gewaschener Reis wird mit 200 g Milch unter ständigem Umrühren ca. 1—1 1/2 Stunden weich gekocht, durch ein Sieb gestrichen, nochmals aufgekocht, und unter Hinzufügung einer Prise Salz mit 1 Teelöffel Kochzucker abgeschmeckt. Ein Stück zerlassene Butter kann darüber geträufelt werden.

Zwiebackbrei: 3—4 Zwiebäcke (gewöhnlicher Zwieback, Friedrichsdorfer-, Potsdamer-, Hohenlohe-, Opel- usw.) werden mit kochendem Wasser übergossen und durch ein Sieb durchgerührt. Auf besondere Verordnung kann dem Brei Milch, Zucker oder Butter zugesetzt werden.

Kartoffelbrei: Wie für Erwachsene, doch können zweckmäßigerweise gegen 200 ccm Milch zugesetzt werden.

Kastanienbrei: 12—14 echte Kastanien werden 1/4 Stunde in Wasser gekocht. Dann werden die Schalen entfernt und die Kastanien unter Hinzufügen von einem Eßlöffel Zucker in leicht gebräunter Butter gebräunt, geschmort, durch ein Sieb gestrichen und nochmals aufgekocht.

Apfelreis: 2 Eßlöffel Reis, 3 kleine Äpfel, werden mit einem Kinderlöffel Kochzucker und einer Prise Salz in einem halben Liter Wasser weich gekocht und durchgerührt.

Makkaroni oder Nudeln: 50 g Makkaroni oder 50 g Nudeln werden in 3/4 Liter Wasser und einer Prise Salz etwa 3/4 Stunden gekocht und nach Abgießen möglichst durchgerührt. Ein walnußgroßes Stück Butter kann hinzugefügt werden.

Gemüse: Bei allen Gemüsen, mit Ausnahme der Kohlarten, ist das Gemüsewasser nicht wegzugießen, sondern in einem besonderen Topf bis auf eine kleine Menge einzukochen und dem weichgekochten und durch ein feines Sieb möglichst zweimal gestrichenen Gemüse zuzusetzen. Man kann dem Gemüse eine Prise Salz zufügen. Für den Anfang ist besonders Spinat zu empfehlen. Man setzt ihn am besten zuerst in kleiner Menge (1/2 Teelöffel) dem Brei zu; allmählich sind auch die übrigen Gemüsearten wie Mohrrüben, Erbsen, Spargel, Schwarzwurzel, Blumenkohl, grüner Salat, Sellerie, Brennessel, Porree, Mangold, Tomaten usw. in der angegebenen Weise erlaubt.

Kompott: Alle Kompottarten sind in Musform zu geben, ohne die für Erwachsene angegebenen Gewürze, nur mit Zucker gesüßt.

Obstsaft: Von frischen Beeren, Apfelsinen, Weintrauben usw. drückt man den Saft durch und gibt ihn teelöffelweise nach ärztlicher Verordnung. Man süße zirka 20 g mit 1/4 Tablette Saccharin.

Quark (weißer Käse): Man verrühre frischen weißen Käse mit Milch oder Sahne, streiche ihn dann durch ein Sieb und verfüttere ihn mit Obstsaft oder zerriebenem Zwieback und Zucker als Brei.

Tee: 1 Teelöffel = 5 g russischen oder Pfefferminztee übergießt man in einem Topf mit einem Liter kochenden Wassers, läßt ihn einige Minuten ziehen, bis die Farbe hellgelb ist, und gießt den Aufguß durch ein Sieb. Wird Fencheltee verwandt, so ist ein Eßlöffel Fenchelkörner auf 1 l Wasser zu nehmen, einige Minuten aufzukochen und ebenfalls durch ein Sieb zu gießen.

Gesüßt wird möglichst mit Saccharintabletten, auf einen Liter 4 Tabletten (à 0,05 Saccharin).

Statt Tee kann auch abgekochtes Wasser genommen werden.

Schlußbemerkung.

Zum Schluß eine Bitte: Sollte Ihnen beim Durchsehen dieses Bändchens etwas aufgefallen sein, bezüglich dessen Sie von Ihrem Arzt eine andere Angabe bekommen haben, so bedenken Sie, daß oft verschiedene Methoden das gleiche Ziel im Auge haben, und daß die örtlichen Verhältnisse und die verfügbaren Mittel nicht alles das auszuführen erlauben, was man gerne möchte. Vor allem aber lassen Sie sich nicht das Vertrauen zu Ihrem Arzte erschüttern!

Bedenken Sie ferner, daß Ihre Sorge für das Kind nicht mit dem Abschluß des Säuglingsalters erlöschen darf; Sie müssen auch späterhin der Ernährung, Pflege und Erziehung des Kindes die größte Aufmerksamkeit schenken. Die theoretischen Kenntnisse für diese Aufgabe können Sie sich aus dem Büchlein über „Ernährung und Pflege des älteren Kindes"*) erwerben, das ich als Fortsetzung des vorliegenden Buches geschrieben habe.

---

*) L. Langstein: **Ernährung und Pflege des älteren Kindes (nach dem Säuglingsalter).** Berlin: Max Hesses Verlag.

Sachverzeichnis.

Abdrücken der Milch 8.
Abgußbad 80.
Abhalten 40.
Abkühlung 28.
Abhärtung 28, 38.
Abkühlungspackung 77.
Abspritzen 12.
Abstillen 14.
Abtrocknen 29.
Abziehen der Milch 12.
Alaunbad 80.
Amme 13.
Ammenkind 13.
Ammenkleidung 13.
Ankleiden 32.
Anlegen, erstmaliges 8.
Ansteckende Krankheiten 49, 51.
Ansteckung 26.
Apfelreis 84.
Armmanschetten 72.
Asepsis 25.
Atemkrampf 64, 66.
Atmungsorgane 74.
Asphyxie 65.
Atmung 5, 61.
" künstliche 66.
Atmungszählung 71.
Aufbewahrung der Milch 16.
Aufstoßen 62.
Augen 4.
Augenentzündung, eitrige, des Neugeborenen 50.
Augentropfen 50.
Auslese, künstliche 2.
" natürliche 1.
Auszehrung 51.

Bad 27.
Bäder, medizinische 79.
Badethermometer 28.
Badewanne 29.
Badewasser 28.

Bakterien 25.
Bakterienabtötung 46.
Ballonspritze 73.
Bauchdecken 5, 61.
Beikost 23.
Beobachtung des Säuglings 55.
Beruhigungsmittel 40.
Bett 34.
Bettdecke 34.
Bettunterlage 34.
Bewußtseinstrübung 63.
Blähungen 61.
Blennorrhoe 50.
Blutungen 65.
Blutvergiftung 57.
Borenspstem 50.
Brechdurchfall 45.
Breie 83.
Breiumschlag 77.
Brühgrieß 83.
Brustdrüse 8.
Brustdrüsenerkrankungen 12.
Brusthütchen 10.
Brustkorb 5.
Buttermehlsuppe 68.
Buttermilch 68.

Darm 5.
Darmkatarrh 61.
Darmkrankheiten, Bekämpfung und Verhütung 41.
Darmsonde 74.
Darmspülung 74.
Desinfektion 46.
Desinfektionsmittel 46.
Durchfall 45.
Durst 11, 44.

Eichenrindenbad 80.
Eier 24.
Eingeben von Medikamenten 81.

Einspritzungen unter die Haut 81.
Eisschrank 16, 43.
Eitererreger 25.
Eiweißmilch 68.
Ekzemmaske 72.
Englische Krankheit 53.
Entwicklung des Säuglings 2.
Erbrechen 63.
Erbrochenen, Auffangen des 72.
Ernährung, künstliche (unnatürliche) 15, 19.
Ernährung, natürliche 6.
Ernährung in der heißen Zeit 43.
Ernährung der Stillenden 12.
Ernährungsstörungen 45.
Erstickungsgefahr 65.
Erziehung des Säuglings 39.

Federbett 35, 44.
Fixieren 4.
Flaschenreinigung 18.
Flaschensterilisation 16.
Fleisch 24.
Fleischbrühe 23, 83.
Fliegen 35, 49.
Folgsamkeit, Erziehung dazu 40.
Fontanelle 4.
Frauenmilch, Unterschied von der Kuhmilch 7.
Fruchtkuchen 8.
Fruchtsäfte 23.
Frühgeborenes 3.
Funktionen des Säugl. 2.

Gängelband 37.
Ganzpackung 77.
Gazeschleier 49.
Gehör 4.

Gehversuche 6, 37.
Gelbfärbung der Haut 6.
Gelbsucht 57.
Gemüse 23, 84.
Gemüsebrühe, Herstellung 23.
Gemüsewasser 83.
Gerste 82.
Gesichtsmaske 49, 52.
Gewicht 3.
Gewichtsabnahme, anfängliche (physiologische) 3.
Gneis 58.
Grammflasche 19.
Graupen 82.
Grieß 82.
Grießbrei 83.
Grind 29.

Haferflocken 82.
Hafergrütze 82.
Halsentzündung 59.
Halsinspektion 59, 70.
Halten des Kindes zur Untersuchung 69.
Hände der Pflegerin, Reinigung, Pflege 46.
Händewaschen 69.
Handgriffe 69.
Hasenscharte 56.
Häubchen 34.
Haut 6.
Hautfarbe 57.
Heilnahrungen 67.
Hemdchen 33.
Husten 41.

Impfung 51.
Infektion 26.
Infektionsübertragung 49.
Injektionen, subkutane 81.
Irrigator 74.
Jäckchen 33.

Kaltwasserkur 38.
Kamillenbad 80.
Kartoffelbrei 84.
Käse, weißer 85.
Käseschleim 27.
Kastanienbrei 84.
Kinderwagen 35.
Kindspech 5.
Kleidung der Pflegenden 25.

Kleidung des Säuglings 31.
Kleiebad 80.
Klystiere 73.
Kochtopf nach Flügge 17.
Kochvorschriften 16, 82.
Kollaps 63.
Kompott 84.
Kopf 4.
Kopfhalten 6.
Körbchen 34.
Körperbau des Säuglings 2.
Körperlänge 4.
Körperwärme 6.
Krämpfe 63.
Krankheitskeime 25.
Krankheitsverhütung 41.
Kriechversuche 6.
Kühlkiste 17.
Kuhmilch 15.
Kuhmilch, Unterschied von der Frauenmilch 7.
Küssen 48, 52.

Lagerung des kranken Kindes 74.
Larosan 68.
Laufstuhl 37.
Leib, Auftreibung 61.
Luftbad 39.
Lüftung des Zimmers 36.
Lungenentzündung 61.

Magenspülung 74.
Magermilch 68.
Mahlzeiten, Dauer der 9,20
„   Zahl der 9, 20.
Maizena 82.
Makkaroni 84.
Malzsuppe 68.
Malzsuppenextrakt 68.
Mantelanlegen 69.
Maske, Um- und Abbinden der 69.
Matraze 34.
Maximalthermometer 71.
Mehlabkochungen 82.
Mehlschwitze 68.
Mekonium 5.
Milchkonserven 68.
Milchmischungen 21.
Milchpumpe 8.
Milchreis 84.
Milchstorf 58.
Milchzahngebiß 4.

Mißbildungen 56.
Mittelohrentzündung 59.
Mondamin 82.
Mundauswischen 26.
Mundfäule 27.
Muskulatur 6.

Nabel 3.
Nabelentzündung 57.
Nabelerkrankungen 51.
Nabelpflaster 72.
Nabelschnur 3.
Nabelschnurerkrankungen 51.
Nägel 6, 30.
Nährklystiere 73.
Nährpräparate 42.
Nahrungsaufnahme 62.
Nahrungsmengensteigerung 22.
Nahrungspausen 9.
Nährwert der Frauenmilch 11.
Nähte des Schädels 4.
Nasenflügelatmen 61.
Nasensäuberung 30.
Nervöse Kinder 63.
Neugeborenes 3.
Nudeln 84.
Nutrose 68.

Obstsäfte 84.
Ohrläppchenstechen 27.
Ohrlaufen 60.
Ohrsäuberung 29.

Packungen 77.
Pasteurisieren der Milch 17.
Pflege des gesunden Säuglings 24.
Pflege im Freien 37.
Pflege in der heißen Zeit 44.
Plasmon 68.
Pocken 51.
Prießnitz-Umschlag 76.
Puderdose 31, 47.
Pudern 31.
Puls 61.
Pulszahl 5.
Pulszählung 71.

Quark 85.

Rachenkatarrh 59.
Rachitis 53.
Reis 82.
Reisbrei 83.
Röcheln 61.
Rollgerste 82.
Rosenkranz 54.

Sababyllessig 78.
Sahne 67.
Salzbad 79.
Sauger 19, 52.
Saugerreinigung 18.
Saugfaulheit 9.
Säuglingsfürsorge 2.
Säuglingssterblichkeit 1.
Saugreiz 8.
Saugungeschick 9.
Schädelknochen 4.
Scheintod 65.
Schleimabkochungen 82.
Schmierseifeneinreibung 81.
Schniefen 59.
Schnupfen 41, 59.
Schnupfen, eitrig-blutiger 59.
Schreckhaftigkeit 63.
Schreien 40.
Schrunden der Warze 10.
Schuhe 34.
Schwämmchen 42.
Schwefelbad 80.
Schwindsucht 51.
Schwitzen am Hinterkopf 54.
Schwitzpackung 78.
Senfbad 80.
Senfpackung 79.
Senfwickel 79.
Sitzversuche 6.
Sommerbrechdurchfälle 45.
Sommersterblichkeit 43.
Sonnenkur 38.
Soor 42.
Soxhlets Kochapparat 17.
Spielgefährten 52.
Spielsachen 40.
Spielstühlchen 37.
Spirochäten 58.
Ställchen 37.

Steckbett 33.
Steckkissen 33.
Sterilisation der Flaschen 16.
Sterilisation der Milch 17.
Stillen 6.
Stillfähigkeit 7.
Stilltechnik 8.
Stillung, Durchführung 10.
Stillverbot 12.
Stimmritzenkrampf 64, 66.
Stimmung des Säuglings 63.
Strafen, körperliche 41.
Strichflasche 18.
Strümpfe 34.
Stuhl 5, 61.
Sublimatbad 80.
Syphilis, angeborene 58.

Talkum 31.
Tanninbad 80.
Tee 85.
Teilpackung 78.
Temperatur des Säuglings 62.
Temperaturmessung 48, 71.
Thermometer 71.
Ton, weißer 81.
Tragkleidchen 34.
Tränen 4.
Trinkflasche 18.
Trinkmenge 10, 20.
Trinkmengenbestimmung 9, 10.
Trinkpause 9, 20.
Trinkzeit 10, 20.
Tripper 50.
Trockenfütterung (der Kühe) 15.
Trockenlegen 30.
Tröpfcheninfektion 49.
Tuberkelbazillen 52.
Tuberkulose 51.
Tuberkuloseverhütung 51.
Türklinke 48.

Überernährung 22.
Übergießungen, kalte 28.
Überhitzung 42.

Übermangansaures Kalibad 80.
Umschläge 76.
Ungeziefer 78.
Unglücksfälle 65.
Unterernährung 22.
Unterlage 33, 34.
Untersuchung des Kindes 70.
Urin 6.
Urin, Auffangen des 71.
Urinentleerung 30.

Verbrennungen 65.
Verordnungen, ärztliche 69.
Verstopfung 62.

Wägung 9.
Wärmekrüge 75.
Warzenbehandlung 75.
Warzenhütchen 10.
Wasserbehandlung 75.
Wasserleitungshahn 48.
Weichschädel 54.
Weizen 82.
Wickeln 33.
Wickelschäbel 37.
Wickeltisch 37.
Wickeltuch 33, 37.
Wiederbelebung scheintoter Kinder 65.
Wiege 35.
Windel 32.
Windelhöschen 34.
Wirbelsäulenverkrümmung 54.
Wochenfluß 51.
Wolfsrachen 56.
Wundsein 30, 57.

Zahnen 4.
Zahnentwicklung 4.
Zahnkrankheiten 5.
Zimmer 36.
Zimmerlüftung 36.
Zimmertemperatur 36.
Zinkpuder 31.
Zuckerzusatz 21.
Zudecken 25.
Zugluft 44.
Zwiebackbrei 84.
Zwiemilchernährung 14.

If you have any concerns about our products,
you can contact us on
ProductSafety@springernature.com

In case Publisher is established outside the EU,
the EU authorized representative is:
**Springer Nature Customer Service Center GmbH
Europaplatz 3, 69115 Heidelberg, Germany**

Printed by Libri Plureos GmbH
in Hamburg, Germany